具体例で親しむ

高校数学からの

極限的数論入門

研伸館　数学科
吉田　信夫

まえがき

　大学受験に向けた高校数学と，大学の数学は大きく違っています．そのギャップにとまどい，数学への愛情を忘れてしまう人がいます．

　抽象的な理論が続き，具体例に触れる機会が少なくなり，1つ1つの事柄を深く考えることが十分にできないためではないでしょうか．

　本書は『極限的数論入門』という仰々しいタイトルを付けましたが，身構えなくても大丈夫です．「数」について，極限，微分，積分や代数などと絡めながら，具体的に考察していきます．

　「理系への数学」の 2010 年 5 月号〜 2011 年 5 月号での連載内容を再編したものです．

1．多角数と無限積

2．超越数，代数的数と集合の濃度

3．カタラン数について

4．複素数の必要性

という4つの章からなり，各章が3〜4つに分かれています．

第1章「**多角数と無限積**」では，無限積で表されたある数κに関して考えていきます．無限積の収束条件を考えつつ，"オイラーの五角数定理"という公式を紹介します．その公式とp進法を利用して，κが無理数であることを導きます．最後に，次章に続く"超越数""代数的数"について触れます．

　第2章「**超越数，代数的数と集合の濃度**」では，超越数，代数的数の四則演算に関する考察から，集合の濃度の話まで扱います．さらに，「eが超越数であること」を頑張って証明します．また，論証の道具として，集合，濃度を使ってみますので，抽象的で遠い存在の集合論を身近に感じてもらいます．

　第3章「**カタラン数について**」では，中学入試算数でも登場するカタラン数について，"場合の数""数列""母関数"といった様々な側面から見ていきます．合わせて，"ベルヌーイ数"という数列も考えていきます．

　第4章「**複素数の必要性**」は，複素数のおかげで見えてくる実数の性質を考え，複素数を考える必然性を感じてもらうことがテーマです．

深く考えれば，どんな数学も楽しいものです．いろいろな具体例を考えていくことで，どんどん理解が深まるものです．そして親近感がわいてくるはずです．

　抽象的な数学も，それが存在する理由は，具体的なものを考えるためです．しっかりとイメージをもちながら，数学を楽しんでいきましょう！

研伸館　数学科

吉田　信夫

目　　次

1．多角数と無限積　　　　　　　　　　　…………　1
　1．1　無限積の収束を考えよう　　　　　…………　4
　1．2　無限積を展開しよう　　　　　　　…………　20
　1．3　p進法で無理数を探そう　　　　　 …………　34

2．超越数，代数的数と集合の濃度　　　　…………　50
　2．1　代数的数を計算しよう　　　　　　…………　52
　2．2　e, πについて考えよう　　　　　　…………　67
　2．3　集合の濃度って？　　　　　　　　…………　82
　2．4　集合の濃度を使ってみよう　　　　…………　97

3．カタラン数について　　　　　　　　　…………　114
　3．1　場合の数としてのカタラン数　　　…………　115
　3．2　二項係数としてのカタラン数　　　…………　130
　3．3　母関数で考えるカタラン数　　　　…………　146

4．複素数の必要性　　　　　　　　　　　…………　164
　4．1　べき乗を考えるための複素数　　　…………　165
　4．2　素数を考えるための複素数　　　　…………　179
　4．3　微分積分計算のための複素数　　　…………　196

1．多角数と無限積

1．多角数と無限積

　第1章のテーマは『多角数と無限積』です．そこで考えるメインの具体例は，以下のようなものです：

> 　コインを振る試行を繰り返し行う．ただし，1回目は1枚，2回目は2枚，3回目は3枚，………と，n回目 ($n \in \mathbb{N}$) にはn枚のコインを振るものとする．
>
> 　このとき，N回目 ($N \in \mathbb{N}$) までの各回で少なくとも1枚ずつは表が出る確率をP_Nとおき，
> $$\begin{aligned}\kappa &= \lim_{N\to\infty} P_N \\ &= \left(1-\frac{1}{2}\right)\left(1-\frac{1}{2^2}\right)\left(1-\frac{1}{2^3}\right)\left(1-\frac{1}{2^4}\right)\cdots\cdots \\ &= \prod_{n=1}^{\infty}\left(1-\frac{1}{2^n}\right)\end{aligned}$$
> と定める（κは考えるきっかけをくれた生徒の頭文字からとったもので，一般的な表記ではありません）．

　$\prod$ は積の記号（$\sum$の積バージョン）です．

　このκ（ギリシャ文字の"カッパ"です）について考えながら，多角数や無限積などをみていきます．

　各節の概要は次の通りです：

1．多角数と無限積

1．1　無限積の収束を考えよう

無限積の収束条件について考え，κ が実数として存在することを示します．また，極限で定義される数 e (自然対数の底)についても考察します．

1．2　無限積を展開しよう

まず，"無限積の展開" の例を与えます．主題は，無限積を展開する公式：「オイラーの五角数定理」です．これを用いて，κ の値を概算します．

1．3　p 進法で無理数を探そう

前節の公式で展開して得られる表記から数 κ の無理性を示します．さらに，有理数の p 進展開について考えます．

1．1　無限積の収束を考えよう

　本節では，問題を挙げながら，それを解決していく形をとります．大学入試問題ではあまり無限積の問題を見かけませんが，以下のようなものが登場することはあります．

1　大学入試での無限積の問題

　実数 x および自然数 n に対して，

$$a_n = \cos\frac{x}{2} \cdot \cos\frac{x}{2^2} \cdots\cdots\cdots \cos\frac{x}{2^n}$$

とする．

(1) x の値を決めると，$2^n a_n \sin\dfrac{x}{2^n}$ の値は，n と無関係に一定であることを証明せよ．

(2) $0 < x < \dfrac{\pi}{2}$ のとき $\lim\limits_{n \to \infty} a_n$ を求めよ．

---

(1)は，とても鮮やかに計算できます．

(2)は，もちろん，(1)を利用します．公式確認：

$$\lim_{\theta \to 0} \frac{\sin\theta}{\theta} = 1$$

解答

(1) 題意から，

$$2^1 a_1 \sin\frac{x}{2^1} = 2\cos\frac{x}{2}\sin\frac{x}{2} = \sin x,$$

$$2^{n+1} a_{n+1} \sin\frac{x}{2^{n+1}}$$
$$= 2^n \cos\frac{x}{2}\cos\frac{x}{2^2}\cdots$$
$$\underline{\cdots\cos\frac{x}{2^n}} \times \boxed{2\cos\frac{x}{2^{n+1}}\sin\frac{x}{2^{n+1}}}$$
$$= \underline{2^n a_n} \boxed{\sin\frac{x}{2^n}} \quad (n \in \mathbb{N})$$

∴ $2^n a_n \sin\dfrac{x}{2^n} = \sin x \quad (n \in \mathbb{N})$

である．これで示された．

(2) (1)より，求める極限は

$$\lim_{n\to\infty} a_n = \lim_{n\to\infty} \frac{\sin x}{2^n \sin\dfrac{x}{2^n}} \quad \left(\because \sin\frac{x}{2^n} \neq 0\right)$$

$$= \lim_{n\to\infty} \frac{\sin x}{x} \cdot \frac{\dfrac{x}{2^n}}{\sin\dfrac{x}{2^n}} = \frac{\sin x}{x}$$

となる．

前述の通り，大学入試では，無限積の問題はほとんど見かけません．無限級数と比べ，イメージがつかみにくいし，論証も難しいからです．例えば…

---

2 無限積の問題

$\prod_{k=1}^{\infty} \dfrac{2k-1}{2k}$ を求めよ．

一旦，有限積を考えるのですが，それがある積分を計算したものになっています．分子，分母はそれぞれ

　　$1 \cdot 3 \cdot 5 \cdots$：奇数の積

　　$2 \cdot 4 \cdot 6 \cdots$：偶数の積

ですが，どんな積分だったでしょう？漸化式を作った記憶が呼び覚まされますか？

解答

答えは 0 である．

これを導くために，まず，

$$\prod_{k=1}^{n} \dfrac{2k-1}{2k} = \dfrac{1}{\pi}\int_0^{\pi}\sin^{2n} x\, dx \quad \cdots\cdots (*)$$

が成り立つことを示す．

$$I_N = \int_0^{\pi}\sin^N x\, dx \ (N=0,\ 1,\ 2,\ 3,\ \cdots\cdots)$$

とおくと，

$$I_{N+2} = \int_0^\pi \sin^{N+1} x (-\cos x)' \, dx$$
$$= \left[-\sin^{N+1} x \cos x\right]_0^\pi$$
$$\quad + (N+1)\int_0^\pi \sin^N x \cos^2 x \, dx$$
$$= (N+1)(I_N - I_{N+2})$$
$$\therefore \quad I_{N+2} = \frac{N+1}{N+2} I_N$$

が成り立ち,また,

$$I_0 = \int_0^\pi dx = \pi,$$
$$I_1 = \int_0^\pi \sin x \, dx = 2$$

である.よって,

$$I_{2n} = I_0 \times \prod_{N=0}^{n-1} \frac{2N+1}{2N+2} \quad (n \geq 1)$$
$$= \pi \times \prod_{k=1}^n \frac{2k-1}{2k}$$
$$\therefore \quad \prod_{k=1}^n \frac{2k-1}{2k} = \frac{1}{\pi} \int_0^\pi \sin^{2n} x \, dx$$

が成り立つ.これで,(*) は示された.

次に,

$$I_{2n} I_{2n+1} = \frac{2\pi}{2n+1} \quad \cdots\cdots\cdots \quad (\#)$$

が成り立つことを示す.

$$I_0 I_1 = \pi \cdot 2 = \frac{2\pi}{2 \cdot 0 + 1},$$
$$I_{2n+2} I_{2n+3} = \frac{2n+1}{2n+2} I_{2n} \cdot \frac{2n+2}{2n+3} I_{2n+1}$$
$$= \frac{2n+1}{2n+3} I_{2n} I_{2n+1}$$

であるから,$n \geqq 1$ で

$$I_{2n} I_{2n+1} = I_0 I_1 \times \prod_{k=0}^{n-1} \frac{2k+1}{2k+3}$$
$$= 2\pi \times \frac{1 \cdot 3 \cdots\cdots (2n-3)(2n-1)}{3 \cdot 5 \cdots\cdots (2n-1)(2n+1)}$$
$$= \frac{2\pi}{2n+1}$$

が成り立つ.これで,(#) は示された.

ここで,$0 \leqq \sin x \leqq 1$ $(0 \leqq x \leqq \pi)$ より,

$$0 \leqq \sin^{2n+1} x \leqq \sin^{2n} x \leqq \sin^{2n-1} x$$

である.I_N は

$$0 \leqq y \leqq \sin^N x \ (0 \leqq x \leqq \pi)$$

の面積なので,

$$0 \leqq I_{2n+1} \leqq I_{2n} \leqq I_{2n-1}$$

である.ゆえに,

$$0 \leqq (I_{2n+1})^2 \leqq I_{2n} I_{2n+1}$$
$$= \frac{2\pi}{2n+1} \to 0 \ (n \to \infty)$$

であるから,

$$\lim_{n \to \infty}(I_{2n+1})^2 = 0$$

∴ $\lim_{n \to \infty} I_{2n+1} = 0$, $\lim_{n \to \infty} I_{2n-1} = 0$

である．よって，

$$\lim_{n \to \infty} I_{2n} = 0$$

∴ $\prod_{k=1}^{\infty} \frac{2k-1}{2k} = 0$

が成り立つ．

=====解答おわり=====

⇨注：これから，

$$\prod_{k=1}^{\infty} \frac{2k}{2k-1} = \infty$$

が分かります．また，

$$I_{2n+1} = 2 \cdot \prod_{k=1}^{n} \frac{2k}{2k+1}$$

∴ $\prod_{k=1}^{\infty} \frac{2k}{2k+1} = 0$

です．"ほぼ1"の数を無限にかけて∞になったり，0になったりするこれらの計算結果は，イメージ通りでしょうか？

では，次は，無限積の収束条件についての一般論を確認しておきましょう．その前に，いくつか基本定理を挙げておきます(1つだけ証明します)．

定理 1.1

有界な単調数列は収束する.

定理 1.2(コーシーの判定法)

数列 $\{a_n\}$ が収束する必要十分条件は, 任意の正数 ε に対し,

$$|a_p - a_q| < \varepsilon \ (p > N, \ q > N)$$

となる番号 N が存在することである.

定理 1.3(絶対収束)

無限級数 $\sum_{n=1}^{\infty} a_n$ は, 無限級数 $\sum_{n=1}^{\infty} |a_n|$ が収束するならば, 収束する.

これらを既知として, 無限積の収束条件を考えます:

定理 1.4

無限積 $\prod_{n=1}^{\infty}(1+a_n)$ は, 無限級数 $\sum_{n=1}^{\infty}|a_n|$ が収束するならば, 収束する. さらに, 積の因子に 0 がなければ, 無限積の値は 0 ではない.

定理 1.4 の証明

無限級数 $\sum_{n=1}^{\infty}|a_n|$ が収束すると仮定する(極限値を α とおく). このとき, 有限積

$$P_m = \prod_{n=1}^{m}(1+a_n) \ (m \in \mathbb{N})$$

の数列 $\{P_m\}$ が収束することを示せば良い.

$$b_1 = P_1, \ b_n = P_n - P_{n-1} \ (n \geq 2)$$

で数列 $\{b_n\}$ を定めると,

$$b_n = (1+a_1)(1+a_2)\cdots\cdots(1+a_{n-1})a_n$$
$$= P_{n-1}a_n \ (n \geq 2),$$
$$P_n = b_1 + b_2 + \cdots\cdots + b_n \ (n \geq 1)$$

である. ゆえに, 定理 1.3 より, 無限級数 $\sum_{n=1}^{\infty}|b_n|$ の収束を示せば良いが, 数列 $\left\{\sum_{n=1}^{m}|b_n|\right\}$ は単調増加する数列なので, 定理 1.1 より, 有界性を示せば良い.

ここで, $y = e^x$ のグラフは下に凸であるから, $(0, 1)$ における接線とグラフの上下関係を考えると,

$$0 < 1 + x \leq e^x \ (x \geq 0)$$

が成り立つ.

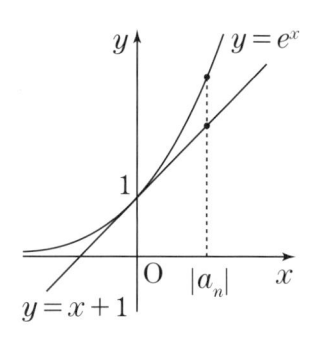

よって，

$$|P_m| \leq \prod_{n=1}^{m}(1+|a_n|)$$
$$\leq \prod_{n=1}^{m} e^{|a_n|}$$
$$= \exp\left(\sum_{n=1}^{m}|a_n|\right)$$
$$\leq e^{\alpha} \quad (\exp(x) = e^x \ (x \in \mathbb{R}))$$

($\because \sum_{n=1}^{\infty}|a_n|$ は増加しながら α に収束する)

となるので，

$$|b_n| = |P_{n-1}||a_n| \leq e^{\alpha}|a_n|$$

が成り立つ．

$$0 < \sum_{n=1}^{m}|b_n| \leq \sum_{n=1}^{m} e^{\alpha}|a_n| < e^{\alpha}\alpha$$

より，数列 $\left\{\sum_{n=1}^{m}|b_n|\right\}$ は有界であり，収束することが分かる ($\because$ 定理 1.1).

よって，無限級数 $\sum_{n=1}^{\infty}|b_n|$ は収束し，$\{P_m\}$ も収束する．つまり，無限積 $\prod_{n=1}^{\infty}(1+a_n)$ も収束する．

以上で，前半は示されたので，引き続き後半を示す．

$|a_n| \to 0 \ (n \to \infty)$ より，$n \geq N$ で $|a_n| < \frac{1}{2}$ となるように N を取れる．凸性から

$$|1+x| \geqq e^{-2|x|}$$
$$\left(|x| < \frac{1}{2}\right)$$

となることが分かるので,

$$\left|\prod_{n=N}^{m}(1+a_n)\right|$$
$$\geqq \exp\left(-2\sum_{n=N}^{m}a_n\right)$$
$$(m \geqq N)$$

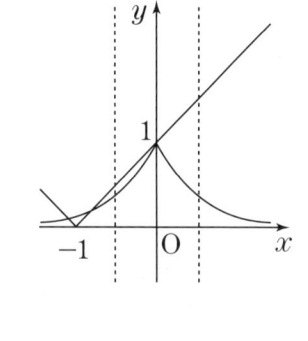

$$\therefore \quad \left|\prod_{n=N}^{\infty}(1+a_n)\right| \geqq \exp\left(-2\sum_{n=N}^{\infty}a_n\right) > 0$$

が成り立つ. よって, 0 でない有限個の数を掛けても,

$$\prod_{n=1}^{\infty}(1+a_n) \neq 0$$

である. これで後半も示された.

(証明おわり)

これから直接証明できることがあります. 本章のテーマ

$$\kappa = \prod_{n=1}^{\infty}\left(1 - \frac{1}{2^n}\right)$$

についてです. 定理 1.4 において,

$$a_n = -\frac{1}{2^n} \quad \therefore \quad \sum_{n=1}^{\infty}|a_n| = \sum_{n=1}^{\infty}\frac{1}{2^n} = \frac{\frac{1}{2}}{1-\frac{1}{2}} = 1$$

となるので, $\kappa = \prod_{n=1}^{\infty}\left(1 - \frac{1}{2^n}\right)$ が収束することが分かります.

κ に関する考察は次節に回し, 本節では, もう少し例を扱っていきましょう.

---

3 無限積の問題

$|q| < 1$ のとき, 無限積

$$Q_1 = \prod_{n=1}^{\infty}(1 + q^{2n}), \ Q_2 = \prod_{n=1}^{\infty}(1 + q^{2n-1}),$$
$$Q_3 = \prod_{n=1}^{\infty}(1 - q^{2n-1})$$

はいずれも収束することを示し, $Q_1 Q_2 Q_3$ の値を求めよ.

<u>収束することが分かれば, 無限積でも普通の積のように計算できます！一旦, 有限の積で考えると良いでしょう. あるものを考えることで, パッと計算できます.</u>

解答

定理 1.4 より, Q_1, Q_2, Q_3 は収束する. ここで,

$$Q_4 = \prod_{n=1}^{\infty}(1 - q^{2n})$$

とすると, 定理 1.4 より, これも収束する.

よって, $Q_1 Q_2 Q_3 Q_4$ も有限確定値として存在することが分かるので, 有限積

$$\prod_{n=1}^{m}(1+q^{2n}) \times \prod_{n=1}^{m}(1+q^{2n-1})$$
$$\times \prod_{n=1}^{m}(1-q^{2n-1}) \times \prod_{n=1}^{m}(1-q^{2n})$$
$$=\prod_{n=1}^{m}(1+q^{2n})(1+q^{2n-1})(1-q^{2n-1})(1-q^{2n})$$
$$=\prod_{n=1}^{m}(1-q^{4n})(1-q^{4n-2})$$
$$=\prod_{n=1}^{2m}(1-q^{2n})$$

の両辺を $m \to \infty$ として,

$$Q_1 Q_2 Q_3 Q_4 = Q_4$$
$$\therefore \quad Q_1 Q_2 Q_3 = 1$$

となる ($\because |q|<1$ より, $1-q^{2n} \neq 0$ で, $Q_4 \neq 0$).

======================解答おわり

極限で表される数として, 自然対数の底 e があります.

$$\lim_{n \to \infty}\left(1+\frac{1}{n}\right)^n = e$$

ですが, 無限級数表記の方を考えます. つまり,

$$e = \sum_{k=0}^{\infty}\frac{1}{k!} = 1 + \frac{1}{1!} + \frac{1}{2!} + \frac{1}{3!} + \cdots\cdots$$

のことです.

この無限級数が収束することを示し, さらに, e のことを少し考えてみましょう.

まず，数列 $\left\{\sum_{k=0}^{n}\dfrac{1}{k!}\right\}$ は単調増加で，しかも

$$\sum_{k=0}^{n}\dfrac{1}{k!} = 1 + \dfrac{1}{1!} + \dfrac{1}{2!} + \dfrac{1}{3!} + \cdots\cdots + \dfrac{1}{n!}$$

$$\leqq 1 + 1 + \dfrac{1}{2} + \left(\dfrac{1}{2}\right)^2 + \cdots\cdots + \left(\dfrac{1}{2}\right)^{n-1}$$

$$< 1 + \dfrac{1}{1-\dfrac{1}{2}} = 3$$

より，有界です．

よって，**定理 1.1** より，

$$\sum_{k=0}^{\infty}\dfrac{1}{k!} = 1 + \dfrac{1}{1!} + \dfrac{1}{2!} + \dfrac{1}{3!} + \cdots\cdots$$

は収束することが分かります．

これを利用して

---

e は無理数である

を示せ，という問題を考えてみよう．

解答

仮に e が有理数であるとしたら，

$$e = \dfrac{q}{p} \quad (p,\ q \text{ は互いに素な自然数})$$

とおける (e は整数でないので，$p \geqq 2$).

$$p!e = \sum_{k=0}^{p} {}_p\mathrm{P}_{p-k}$$
$$+\frac{1}{p+1}+\frac{1}{(p+1)(p+2)}+\cdots\cdots$$

において,

$$0 < \frac{1}{p+1}+\frac{1}{(p+1)(p+2)}+\cdots\cdots$$
$$< \frac{1}{p+1}\left\{1+\frac{1}{p+1}+\frac{1}{(p+1)^2}+\cdots\cdots\right\}$$
$$= \frac{1}{p+1}\cdot\frac{1}{1-\dfrac{1}{p+1}}=\frac{1}{p}<1$$

より,左辺は整数,右辺は整数でないため,不合理である.

よって,e は無理数である.

==========解答おわり

最後に,もう1つ.

$$\sum_{k=0}^{\infty}\frac{(-1)^k}{k!}=1-\frac{1}{1!}+\frac{1}{2!}-\frac{1}{3!}+\cdots\cdots=e^{-1}$$

を示せ,という問題を考えてみよう.

<u>収束することが分かっているから,これを示すことができます.</u>

解答

定理 1.3 より，

$$\sum_{k=0}^{\infty} \frac{(-1)^k}{k!} = 1 - \frac{1}{1!} + \frac{1}{2!} - \frac{1}{3!} + \cdots\cdots$$

も収束する $\left(\because \sum_{k=0}^{\infty} \left|\frac{(-1)^k}{k!}\right| = \sum_{k=0}^{\infty} \frac{1}{k!} = e\right)$．

これと e の定義の積を考える．

収束確定より，有限で適当に切ってから，まとめて極限をとっても良く，

$$\left\{\sum_{k=0}^{\infty} \frac{1}{k!}\right\}\left\{\sum_{k=0}^{\infty} \frac{(-1)^k}{k!}\right\}$$
$$= 1 + \left(\frac{1}{1!} + \frac{-1}{1!}\right) + \left(\frac{1}{2!} + \frac{-1}{1!1!} + \frac{1}{2!}\right)$$
$$\quad + \left(\frac{1}{3!} + \frac{-1}{2!1!} + \frac{1}{1!2!} + \frac{-1}{3!}\right) + \cdots\cdots$$
$$\quad + \left\{\sum_{l=0}^{N} \frac{(-1)^l}{(N-l)!l!}\right\} + \cdots\cdots$$
$$= 1$$
$$\left(\because \sum_{l=0}^{N} \frac{(-1)^l}{(N-l)!l!} = \frac{1}{N!}\sum_{l=0}^{N} \frac{N!(-1)^l}{(N-l)!l!}\right.$$
$$\left. = \frac{1}{N!}\sum_{l=0}^{N} {}_N C_l (-1)^l = \frac{(1-1)^N}{N!} = 0 \ (N \geq 1)\right)$$

となる．

それぞれの収束が確定しているから，「積が 1」から「逆

数」と結論付けることができる．

よって，

$$\sum_{k=0}^{\infty} \frac{(-1)^k}{k!} = 1 - \frac{1}{1!} + \frac{1}{2!} - \frac{1}{3!} + \cdots\cdots = e^{-1}$$

となる．

==========解答おわり

⇨注：ここで考えたことは，一般的に

$$\sum_{k=0}^{\infty} \frac{x^k}{k!} = 1 + \frac{x}{1!} + \frac{x^2}{2!} + \frac{x^3}{3!} + \cdots\cdots = e^x$$

として成り立ちます．

指数関数e^xの$x=0$におけるテイラー展開といいます．本書では，その証明などは扱いませんが，テイラー展開は，第3，4章でも登場します．「関数を無限に続く多項式の形で表したい」という発想です．どんな関数でもテイラー展開可能というわけではなく，また，特定の範囲に入るxでのみ可能な関数もあったり，色々です．

次節では，無限積の展開を行います．

1.2 無限積を展開しよう

前節は,次の定理を用いて $\kappa = \prod_{n=1}^{\infty}\left(1-\dfrac{1}{2^n}\right)$ が実数として存在することを示しました.

本節では,無限積を和に展開することで,κ の値を概算します. そのために用いるのが,「オイラーの五角数定理」です.

ここでも,問題を解決しながらやっていきましょう.

---

4 **無限積の展開（リーマンゼータ関数のオイラー積）**

$$\sum_{k=1}^{\infty}\frac{1}{k^2} = \frac{1}{1^2}+\frac{1}{2^2}+\frac{1}{3^2}+\frac{1}{4^2}+\cdots\cdots = \frac{\pi^2}{6}$$

となることが知られている(左辺は,有界で単調な数列の極限なので,収束する).

$$\prod_{i=1}^{\infty}\left(1-\frac{1}{p_i^2}\right)^{-1} = \sum_{k=1}^{\infty}\frac{1}{k^2}$$

が成り立つことを示せ. ただし,$\{p_n\}$ は素数を小さい方から順に並べた数列:

$p_1=2,\ p_2=3,\ p_3=5,\ p_4=7,\ \cdots\cdots$

である.

この意味は,無限等比級数展開

$$\left(1-\frac{1}{p_i^{\,2}}\right)^{-1} = 1 + \frac{1}{p_i^{\,2}} + \frac{1}{p_i^{\,4}} + \frac{1}{p_i^{\,6}} + \cdots\cdots$$

から，収束などを無視したら，感覚的に

$$\left(1+\frac{1}{2^2}+\frac{1}{2^4}+\cdots\cdots\right) \times \left(1+\frac{1}{3^2}+\frac{1}{3^4}+\cdots\cdots\right)$$
$$\times \left(1+\frac{1}{5^2}+\frac{1}{5^4}+\cdots\cdots\right) \times \cdots\cdots$$
$$= 1 + \frac{1}{2^2} + \frac{1}{3^2} + \frac{1}{4^2} + \frac{1}{5^2} + \frac{1}{6^2} + \cdots\cdots$$

と分かります.

<u>上記のような無限積表記をオイラー積といいます．その意味は，直観的には簡単に説明できました．これをキッチリ示します．</u>

解答

まず，定理 1.4 から無限積は収束する．なぜなら，

$$\left|\left(1-\frac{1}{p_i^{\,2}}\right)^{-1} - 1\right| = \frac{1}{p_i^{\,2}-1} < \frac{2}{p_i^{\,2}}$$

より，

$$\sum_{i=1}^{n}\left|\left(1-\frac{1}{p_i^{\,2}}\right)^{-1} - 1\right| < \sum_{i=1}^{n}\frac{2}{p_i^{\,2}} < 2\sum_{k=1}^{\infty}\frac{1}{k^2} = \frac{\pi^2}{3}$$

であるから，"有界単調" より，$\sum_{i=1}^{\infty}\left|\left(1-\frac{1}{p_i^{\,2}}\right)^{-1} - 1\right|$ が収束するからである．

次に，2 重極限に注意して，展開する．有限積にすることで，部分的に極限計算でき，

$$\lim_{n\to\infty}\prod_{i=1}^{m}\Bigl(\sum_{j=1}^{n}\Bigl(\frac{1}{p_i^{\,2}}\Bigr)^{j-1}\Bigr)=\prod_{i=1}^{m}\Bigl(\lim_{n\to\infty}\sum_{j=1}^{n}\Bigl(\frac{1}{p_i^{\,2}}\Bigr)^{j-1}\Bigr)$$
$$=\prod_{i=1}^{m}\Bigl(1-\frac{1}{p_i^{\,2}}\Bigr)^{-1}$$

である. 一方,

$$\prod_{i=1}^{m}\Bigl(\sum_{j=1}^{\infty}\Bigl(\frac{1}{p_i^{\,2}}\Bigr)^{j-1}\Bigr)=\sum_{k\in\mathbb{N}_m}\frac{1}{k^2}$$

である. ただし, $\mathbb{N}_m$ は p_m 以下の素因数のみを含む自然数全体の集合とする. ゆえに,

$$\sum_{k\in\mathbb{N}_m}\frac{1}{k^2}=\sum_{k=1}^{p_m}\frac{1}{k^2}+\sum_{\substack{k\in\mathbb{N}_m\\k>p_m}}\frac{1}{k^2},$$

$$0<\sum_{\substack{k\in\mathbb{N}_m\\k>p_m}}\frac{1}{k^2}<\sum_{k=p_m+1}^{\infty}\frac{1}{k^2}$$

$$=\frac{\pi^2}{6}-\sum_{k=1}^{p_m}\frac{1}{k^2}\to 0\ (m\to\infty)$$

$$\therefore\ \lim_{m\to\infty}\sum_{k\in\mathbb{N}_m}\frac{1}{k^2}=\lim_{m\to\infty}\sum_{k=1}^{p_m}\frac{1}{k^2}=\frac{\pi^2}{6}$$

なので,

$$\prod_{i=1}^{\infty}\Bigl(1-\frac{1}{p_i^{\,2}}\Bigr)^{-1}=\sum_{k=1}^{\infty}\frac{1}{k^2}$$

となる.

解答おわり

「オイラーの五角数定理」の前に"多角数"の一般項です.

1. 多角数と無限積

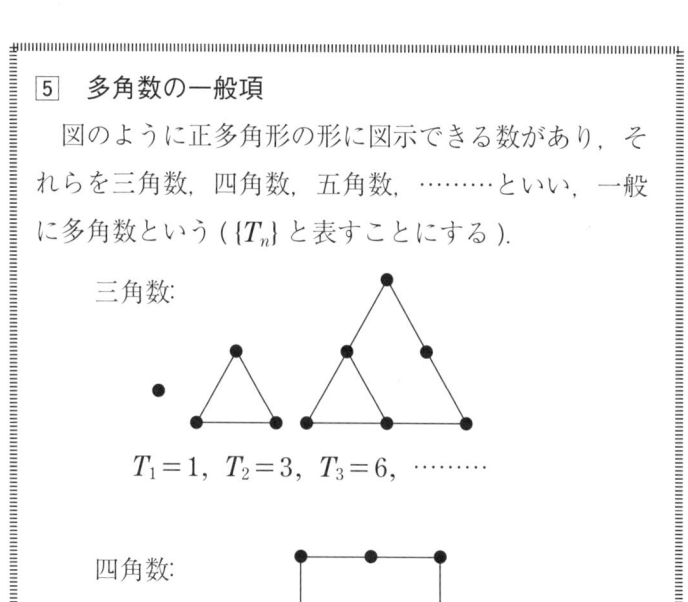

5 **多角数の一般項**

図のように正多角形の形に図示できる数があり，それらを三角数，四角数，五角数，………といい，一般に多角数という（$\{T_n\}$ と表すことにする）．

三角数:

$T_1 = 1$, $T_2 = 3$, $T_3 = 6$, ………

四角数:

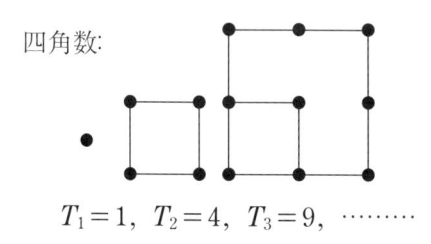

$T_1 = 1$, $T_2 = 4$, $T_3 = 9$, ………

五角数:

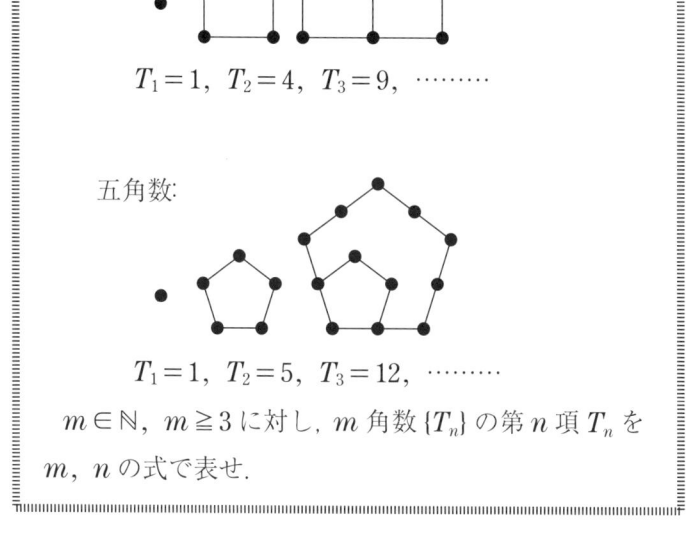

$T_1 = 1$, $T_2 = 5$, $T_3 = 12$, ………

$m \in \mathbb{N}$, $m \geq 3$ に対し，m 角数 $\{T_n\}$ の第 n 項 T_n を m, n の式で表せ．

<u>漸化式を作ります．一回り大きい多角形にすると，●が何個増えるかを考えるのです．</u>

> **解答**

まず，m によらず
$$T_1 = 1$$
である．また，m 角数 T_n，T_{n+1} の間には
$$T_{n+1} = T_n + (m-2)n + 1 \quad (n \in \mathbb{N})$$
なる関係が成り立つ (一回り大きくするのに必要な点の個数を数えた)．

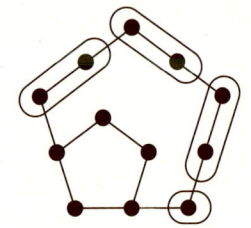

ゆえに，$n \geqq 2$ のとき，
$$\begin{aligned} T_n &= 1 + \sum_{k=1}^{n-1}\{(m-2)k+1\} \\ &= 1 + (m-2) \cdot \frac{n(n-1)}{2} + (n-1) \\ &= \frac{n\{(m-2)n - m + 4\}}{2} \end{aligned}$$
であり，これは $n=1$ でも成り立つ．

よって，m 角数 $\{T_n\}$ の一般項は
$$T_n = \frac{n\{(m-2)n - m + 4\}}{2}$$
である．

> **解答おわり**

特に，三角数，四角数，五角数の一般項は，順に

$$\frac{n(n+1)}{2},\ n^2,\ \frac{n(3n-1)}{2}$$

となります．

では，いよいよ「オイラーの五角数定理」です．ある無限積を展開したときに，ほとんどの係数が0で，$x^{(\text{五角数})}$の係数だけ1か-1になる，という不思議な公式です．パズル的に証明できるので，少し長くなりますが，頑張って示します．

定理2.1(オイラーの五角数定理)

$$\prod_{n=1}^{\infty}(1-x^n) = \sum_{k=-\infty}^{\infty}(-1)^k x^{\frac{k(3k-1)}{2}}$$

が成り立つ(形式的には常に成り立つが，定理1.4により，$|x|<1$のときは収束し，数値として一致する)．

⇨注：五角数は

　　1, 5, 12, ………

ですが，ここではkに負の数も代入するので，

　　0, 1, 2, 5, 7, 12, 15, ………

となります．

左辺を有限で切って展開してみると，例えば

$$(1-x)(1-x^2)(1-x^3)(1-x^4)$$
$$= \boxed{1-x-x^2} + 2x^5 - x^8 - x^9 + x^{10}$$

ここまで確定！

です．無限積において次にかけるのは $(1-x^5)$ なので，x^4 までの部分は，上記で確定します．確定する部分までには，係数には 0 と ±1 しか登場しません．しかも係数が ±1 になるとき，次数は先ほど考えた五角数となります (n に 0 以下の値も代入しますが…)．

これが無限に繰り返されることを主張するのが，オイラーの五角数定理です．これを用いると，κ が一気に我々の手が届くところにやって来ます．

では，少し長くなりますが，証明してみましょう．

定理 2.1 の証明

有限積 $\prod_{n=1}^{m}(1-x^n)$ $(m \in \mathbb{N})$ を考えていくと，x^m までの係数は無限積を展開したものと一致する．それが右辺の部分和と一致することを示せば良い (形式的には一致し，$|x|<1$ のときは極限値として一致する)．

左辺を展開したとき，定数項 a_0 は 1 である．

また，x^m の係数 a_m は，

『m を異なる自然数の和として表すとき,

  ・ 偶数個の和ならば 1
  ・ 奇数個の和ならば -1 (1 個の和もここに含める)

を対応させ, すべての表し方にわたってこの数値の和を計算したもの』

である. なぜなら,

$$a_m x^m = \sum_j \left(\prod_i (-x^{n_{i,j}}) \right)$$
$$\left(\text{ただし} \sum_i n_{i,j} = m \right)$$
$$= \left(\sum_j (-1)^{l_j} \right) x^m \quad (l_j \text{ は各 } j \text{ での } i \text{ の個数})$$

となるからである.

⇨注:例えば, x^6 の係数 a_6 については,

　$(1-x)(1-x^2)(1-x^3)(1-x^4)(1-x^5)(1-x^6)$

までを考えれば良く,

　$6 = 1+5 = 2+4 = 1+2+3$

は順に展開したときの項

　$1 \cdot 1 \cdot 1 \cdot 1 \cdot 1 \cdot (-x^6)$, $(-x) \cdot 1 \cdot 1 \cdot 1 \cdot (-x^5) \cdot 1$,

　$1 \cdot (-x^2) \cdot 1 \cdot (-x^4) \cdot 1 \cdot 1$, $(-x) \cdot (-x^2) \cdot (-x^3) \cdot 1 \cdot 1 \cdot 1$

と対応している. よって,

　$a_6 = -1 + 1 + 1 - 1 = 0$

である.

では，

$$a_{\frac{k(3k-1)}{2}} = (-1)^k \ (k \in \mathbb{Z})$$

$$a_{(その他)} = 0$$

を示そう ($k=0$ は証明済み).

m を異なる自然数の和で表すとき，それぞれの表し方を下のように○を用いた図形で表すことにする (各図形では，下の列ほど○の個数を少なくする)：

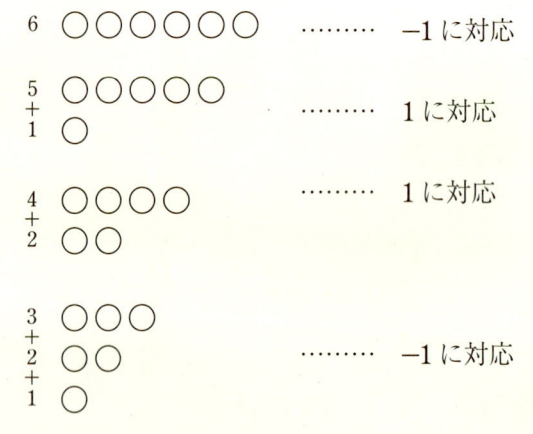

6 　○○○○○　　……… -1 に対応

$\begin{matrix}5\\+\\1\end{matrix}$ 　○○○○○ 　　……… 1 に対応
　　　○

$\begin{matrix}4\\+\\2\end{matrix}$ 　○○○○　　……… 1 に対応
　　　○○

$\begin{matrix}3\\+\\2\\+\\1\end{matrix}$ 　○○○　　……… -1 に対応
　　　○○
　　　○

これを用いて"偶数個の和"表現と"奇数個の和"表現の対応を作り，1, -1 を打ち消していく．そして，"打ち消されずに残るものがある"場合を考えれば良い．

図のように，ある表現図形において一番下の列にある○の個数を l とし，右上端の○から見てちょうど左下 $45°$ 方

向にある○の個数を s とおく：

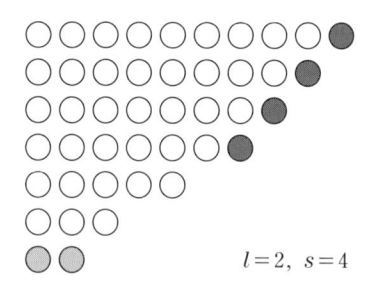

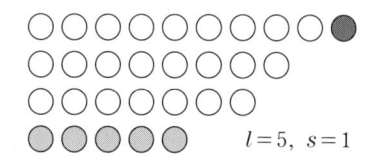

○○○○○○○○●
○○○○○○○●
○○○○○○●
○○○○○●
○○○○○
○○○
●● $l=2,\ s=4$

○○○○○○○○●
○○○○○○○
○○○○
●●●● $l=5,\ s=1$

"打ち消されずに残るものがある"のは，

1) $l=s+1$ かつ，右端 45° 線が一番下の列まで続く

2) $l=s$ かつ，右端 45° 線が一番下の列まで続く

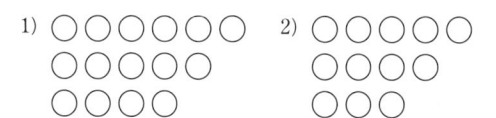

1) ○○○○○○   2) ○○○○○
   ○○○○○   ○○○○
   ○○○○   ○○○

の 2 パターンに限られる (後で示す).

しかも，1), 2) のパターンが存在する m は，等差数列の和を計算して，

1) $\quad m = (s+1) + (s+2) + \cdots + (2s)$
$\quad\quad = \dfrac{s(3s+1)}{2} \ (s \in \mathbb{N})$
$\quad\quad = \dfrac{t(3t-1)}{2} \ (t = -s \in \mathbb{Z}_{<0})$

2) $\quad m = s + (s+1) + \cdots + (2s-1)$
$\quad\quad = \dfrac{s(3s-1)}{2} \ (s \in \mathbb{N})$

$\therefore \quad m = \dfrac{k(3k-1)}{2} \ (k = \pm 1, \ \pm 2, \ \pm 3, \ \cdots\cdots)$

と表されるもののみである.

このとき, s 個の自然数の和で m を表しているので, この表し方に対応する値は $(-1)^s$ であるが, これは $(-1)^t$ とも等しい. これが目標の形である.

最後に, 1), 2) のパターン以外の表し方について,

(偶数個の和表現の個数)

= (奇数個の和表現の個数)

となることを示せば良い.

そのためには, 各 m について, 1), 2) を除き,

{ 偶数個の和表現 } $\rightleftarrows$ { 奇数個の和表現 }

という全単射を作れば良い.

そこで, 次の操作を考える:

① $l > s$ かつ 1) でないとき，右端 45° 線にある s 個の○を一番下に移動し，s 個からなる一番下の列を作る．

② $l \leqq s$ かつ 2) でないとき，一番下の列にある l 個の○を右端に移動し，l 個からなる右端 45° 線を作る．

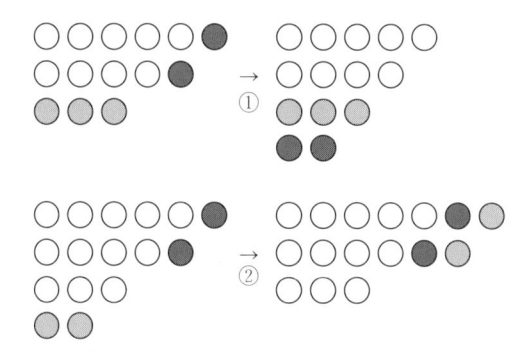

○○○○○●　　○○○○○
○○○○●　→　○○○○
○○○　　①　○○○
　　　　　　　●●

○○○○○●　　○○○○○●●
○○○○●　→　○○○○●●
○○○　　②　○○○
●●

1), 2) でないなら ①, ② の操作後も m の和表現を表す図形であり，もとが偶数個 (奇数個) の和ならば操作後は奇数個 (偶数個) の和になる．また，① (②) の操作後に ② (①) を施すともとの表現図形に戻る．

欲しかった全単射が得られたので，1), 2) 以外はすべて打ち消しあうことが分かった．以上で，

$$a_{\frac{k(3k-1)}{2}} = (-1)^k \ (k \in \mathbb{Z})$$

$a_{(その他)} = 0$

が示されたので，オイラーの五角数定理が示された．

(証明おわり)

$$\prod_{n=1}^{\infty}(1-x^n) = 1 - x - x^2 + x^5 + x^7 - x^{12} - x^{15} + x^{22} + x^{26} - \cdots$$

という公式ですが，何とか証明できました．本節の最後に，この展開公式を用いて，κ の値を概算してみましょう．

---

6 κ の概算

κ の小数第4位を四捨五入した値を求めよ．

極限で表された数は，有限で切った値で概算します．しかし，四捨五入するので，誤差の評価も必要になります．

解答

$0 < \dfrac{1}{2} < 1$ なので，定理2.1より，κ は

$$\kappa = \sum_{k=-\infty}^{\infty}(-1)^k \left(\frac{1}{2}\right)^{\frac{k(3k-1)}{2}}$$

$$= 1 - \frac{1}{2} - \left(\frac{1}{2}\right)^2 + \left(\frac{1}{2}\right)^5 + \left(\frac{1}{2}\right)^7 - \left(\frac{1}{2}\right)^{12} - \left(\frac{1}{2}\right)^{15} + \left(\frac{1}{2}\right)^{22} + \left(\frac{1}{2}\right)^{26} - \cdots$$

と無限級数表示できる．すると，$-2 \leq k \leq 2$ として

$$1 - \frac{1}{2} - \left(\frac{1}{2}\right)^2 + \left(\frac{1}{2}\right)^5 + \left(\frac{1}{2}\right)^7$$
$$= \frac{128 - 64 - 32 + 4 + 1}{128} = \frac{37}{128}$$
$$= 0.2890625$$

であるが，これを κ の近似値としてみる．すると，誤差は

$$\left|\kappa-\frac{37}{128}\right|$$
$$<\left(\frac{1}{2}\right)^{12}+\left(\frac{1}{2}\right)^{15}+\left(\frac{1}{2}\right)^{22}+\left(\frac{1}{2}\right)^{26}$$
$$\quad+\left(\frac{1}{2}\right)^{35}+\left(\frac{1}{2}\right)^{40}+\cdots\cdots$$
$$<\left(\frac{1}{2}\right)^{12}\left\{1+\left(\frac{1}{2}\right)^{10}+\left(\frac{1}{2}\right)^{20}+\cdots\cdots\right\}$$
$$\quad+\left(\frac{1}{2}\right)^{15}\left\{1+\left(\frac{1}{2}\right)^{10}+\left(\frac{1}{2}\right)^{20}+\cdots\cdots\right\}$$
$$=\left\{\left(\frac{1}{2}\right)^{12}+\left(\frac{1}{2}\right)^{15}\right\}\frac{1}{1-\left(\frac{1}{2}\right)^{10}}$$
$$=\frac{9}{2^{15}}\cdot\frac{2^{10}}{2^{10}-1}=\frac{9}{2^{5}\cdot 1023}$$
$$<\frac{1}{3200}\quad(\because\ 9<10,\ 1023>1000)$$
$$=0.0003125$$

と評価できる．これにより，

$$0.2885<\kappa<0.2895$$

∴ 0.289

が κ の小数第 4 位を四捨五入した値である．

=====解答おわり

次節では，κ の無理性について考えます．

1.3 p進法で無理数を探そう

前節では，本章の主役 $\kappa = \prod_{n=1}^{\infty}\left(1-\dfrac{1}{2^n}\right)$ の無限級数表示：

$$\kappa = \sum_{k=-\infty}^{\infty} (-1)^k \left(\dfrac{1}{2}\right)^{\frac{k(3k-1)}{2}}$$
$$= 1 - \dfrac{1}{2} - \left(\dfrac{1}{2}\right)^2 + \left(\dfrac{1}{2}\right)^5 + \left(\dfrac{1}{2}\right)^7$$
$$- \left(\dfrac{1}{2}\right)^{12} - \left(\dfrac{1}{2}\right)^{15} + \left(\dfrac{1}{2}\right)^{22} + \left(\dfrac{1}{2}\right)^{26} - \cdots\cdots$$

を与えました．

本節では，第1章の集大成として，上記の無限級数表示を利用して「κ が無理数である」を示します．「2進小数表記したとき，無理数は循環小数にならない」ことは，いったん，既知としておきます(後で示すことにします)．

---

7 **κ の無理性**

κ が無理数であることを示せ．

<u>無限級数表示には，負の係数が入っているので，このままでは2進小数ではありません．マイナスを消してしまいます！</u>

解答

上の κ の無限級数表示は，係数として -1 を許した"拡張"

2進小数表示である．これから通常の2進小数表示を作り，それが循環しないことを示せば良い．

$$\begin{aligned}\kappa = &\ 1.(-1)(-1)001010000(-1)\\&00(-1)0000001000100\cdots\cdots_{(2)}\\= &\ 0.010010011110\\&1110000001000011\cdots\cdots_{(2)}\end{aligned}$$

となることを確認する．

$$\begin{aligned}1.(-1)(-1)00_{(2)} &= 1 - \frac{1}{2} - \frac{1}{4} = \frac{1}{4}\\&= 0.01_{(2)}\end{aligned}$$

となることは，すぐに分かる．

次に，1 の後に 0 が k 個続き，その後に -1 が現われる並びについて考える．

$0.111\cdots\cdots 111_{(2)}$ (1 が $k+1$ 個)

$+ 0.000\cdots\cdots 001_{(2)}$ (小数点以下に 0 が k 個)

$= 1_{(2)}$

∴ $1.000\cdots\cdots 00(-1)_{(2)}$ (小数点以下に 0 が k 個)

$= 0.111\cdots\cdots 111_{(2)}$ (1 が $k+1$ 個)

である．

これに $0.000\cdots\cdots 001_{(2)}$ を掛けて小数点をずらして，この並びがある所を変換する．

変換した後の"末尾の 1"の後には 0 が続いて，再び -1

が現われる．ゆえに，例えば，

$$0.0100000001\underline{1000000(-1)000(-1)}0_{(2)}$$
$$=0.010000000\underline{01111111000(-1)}0_{(2)}$$
$$=0.01000000\underline{00111111011110}_{(2)}$$

という風に変換され，下線部の変化は，

$$1 \to 0,\ 0 \to 1,\ \text{一つ目の}(-1) \to 0,$$
$$\text{二つ目の}(-1) \to 1$$

である．これを式変形できっちり確認してみよう．

収束が確定しているから，自由に変形する．

$$\begin{aligned}
\kappa &= \sum_{k=-\infty}^{\infty} (-1)^k \left(\frac{1}{2}\right)^{\frac{k(3k-1)}{2}} \\
&= \sum_{k=1}^{\infty} (-1)^k \left(\frac{1}{2}\right)^{\frac{k(3k-1)}{2}} + \sum_{l=0}^{\infty} (-1)^l \left(\frac{1}{2}\right)^{\frac{l(3l+1)}{2}} \\
&= \sum_{m=1}^{\infty} \left(\frac{1}{2}\right)^{\frac{2m(6m-1)}{2}} - \sum_{m=1}^{\infty} \left(\frac{1}{2}\right)^{\frac{(2m-1)(6m-4)}{2}} \\
&\quad + \sum_{m=1}^{\infty} \left(\frac{1}{2}\right)^{\frac{(2m-2)(6m-5)}{2}} - \sum_{m=1}^{\infty} \left(\frac{1}{2}\right)^{\frac{(2m-1)(6m-2)}{2}} \\
&= \sum_{m=1}^{\infty} \Bigg\{ \left(\frac{1}{2}\right)^{(6m^2-m)} - \left(\frac{1}{2}\right)^{(6m^2-7m+2)} \\
&\qquad + \left(\frac{1}{2}\right)^{(6m^2-11m+5)} - \left(\frac{1}{2}\right)^{(6m^2-5m+1)} \Bigg\} \\
&= \sum_{m=1}^{\infty} \Bigg\{ \left(\frac{1}{2}\right)^{(6m^2-m)} - \left(\frac{1}{2}\right)^{(6m^2-7m+2)} \\
&\qquad + \left(\frac{1}{2}\right)^{(6m^2-11m+5)} \left\{ 1 - \left(\frac{1}{2}\right)^{(6m-4)} \right\} \Bigg\}
\end{aligned}$$

$$= \sum_{m=1}^{\infty} \left\{ \left(\frac{1}{2}\right)^{(6m^2-m)} - \left(\frac{1}{2}\right)^{(6m^2-7m+2)} \right.$$
$$\left. + \left(\frac{1}{2}\right)^{(6m^2-11m+5)} \cdot \left(1-\frac{1}{2}\right) \cdot \sum_{i=1}^{6m-4} \left(\frac{1}{2}\right)^{i-1} \right\}$$
$$= \sum_{m=1}^{\infty} \left\{ \left(\frac{1}{2}\right)^{(6m^2-11m+6)} + \cdots\cdots + \left(\frac{1}{2}\right)^{(6m^2-7m+1)} \right.$$
$$+ \left(\frac{1}{2}\right)^{(6m^2-7m+3)} + \cdots\cdots + \left(\frac{1}{2}\right)^{(6m^2-5m+1)}$$
$$\left. + \left(\frac{1}{2}\right)^{(6m^2-m)} \right\}$$

より，

$$11\cdots\cdots 11011 \cdots\cdots 1100 \cdots\cdots 00100 \cdots\cdots$$

という塊が繰り返される．ただし，m 個目の塊とは，

1) 指数が $6m^2-11m+6$ である所から 1 が始まり，$4m-4$ 個続く．

2) 0 が 1 個入る．

3) 再び 1 が始まり，$2m-1$ 個並ぶ．

4) 0 が $4m-2$ 個続く．

5) 1 個だけ 1 が入る．

6) 0 が $2m$ 個続く．

という構成の $12m-5$ 個からなる数の集まりである (ただし，$m=1$ のときだけは 1) が無い).

これにより，まず，κ の 2 進小数表示は有限ではないことが分かる．

さらに，1 がちょうどある個数 l $(l \geqq 2)$ だけ続く並びはいずれもただ 1 カ所だけであるが，循環小数であれば，このようなことは起こらない．

よって，κ は無理数であることが示された．

解答おわり

⇨注：同様の議論により，

$$\sum_{n=1}^{\infty} \frac{1}{2^{n!}}, \sum_{n=1}^{\infty} \frac{1}{2^{3^n}}$$

も収束し，しかも無理数であることが分かります．

次に，「後で述べる」と言っていた，「p 進小数での循環小数は有理数に限られる」を示しましょう（"$_{(p)}$" とあれば p 進表記を表すこととします）．

補題3.1

有理数を p 進小数 ($p \in \mathbb{N}$, $p \geqq 2$) で表すと，有限小数か循環小数である (逆は明白)．

証明 1

有理数は，正と仮定して良い．

$$\frac{\alpha}{\beta} \in \mathbb{Q} \ (\alpha, \beta \in \mathbb{N}, \alpha, \beta \text{ は互いに素})$$

として，

$$\alpha p^m(p^n - 1) \equiv 0 \pmod{\beta}$$

となる $m, n \in \mathbb{N}$ が存在することを示せば良い．

➡注：有限小数のときの n は任意である．

循環小数のときの n は循環の周期である．周期分ずらしたものとの差で有限小数を作り，それから分母を払う（つまり，p^m をかける）と，この形になる．

β と互いに素な α を無視し，任意の β に対して，

$$p^m(p^n - 1) \equiv 0 \pmod{\beta}$$

となる $m, n \in \mathbb{N}$ が存在することを示せば良い．

p, β が共通素因数をもつとき，m を十分大きくとれば，そのベキの数は $p^m(p^n - 1)$ の方が大きくなる．
よって，共通素因数は無視できるので，p, β が互いに素な場合のみ考えれば良い．

以下，p, β は互いに素であるとし，

$$p^n \equiv 1 \pmod{\beta}$$

となる $n \in \mathbb{N}$ が存在することを示せば良い.

β の素因数 β' を固定すると, p, β' は互いに素だから, フェルマーの小定理 (後で補足) より,

$$p^{\beta'-1} \equiv 1 \pmod{\beta'}$$

である. さらに, ${}_{\beta'}\mathrm{C}_i$ ($i \neq 0$, β') は β' の倍数であるから,

$$p^{(\beta'-1)\beta'} = (A\beta'+1)^{\beta'}$$
$$= (A\beta')(B\beta')+1 \; (\exists A, B \in \mathbb{Z})$$
$$\equiv 1 \pmod{\beta'^2}$$

である. これにより, 帰納的に,

$$p^{(\beta'-1)\beta'^{(r-1)}} \equiv 1 \pmod{\beta'^r} \; (r \in \mathbb{N})$$

となることが分かる.

よって, β の素因数分解が $\beta = \prod_{j=1}^{N} \beta_j^{r_j}$ のとき,

$$n = \prod_{j=1}^{N}(\beta_j-1)\beta_j^{r_j-1} = \beta\prod_{j=1}^{N}\left(1-\frac{1}{\beta_j}\right)$$

とすれば良い. 以上で示された.

(証明1 おわり)

⇨注：証明中に登場した n は, オイラーの関数 $\varphi(\beta)$ と呼ばれており, "β 以下の自然数で β と互いに素なものの個数" です.

また, フェルマーの小定理は

1. 多角数と無限積

『素数 p と互いに素な整数 B について
$B^{p-1} \equiv 1 \pmod{p}$ が成り立つ』
というものです．帰納法で「$B^p \equiv B \pmod{p}$」が成り立つことを示すと，"互いに素" の仮定から上記の結果が得られます．

証明1の意味を具体的に見ましょう．$\dfrac{35}{17}$ を3進小数で表します：

$$\frac{35}{17} = 2 + \frac{1}{17},$$
$$\varphi(17) = 16,$$
$$3^{16} - 1 = 17 \cdot 2532160,$$
$$3^{16} \cdot \frac{1}{17} - \frac{1}{17} = 2532160 = 11202122110201_{(3)}$$

$\therefore \quad \dfrac{35}{17} = 2 + \dfrac{2532160}{3^{16} - 1} = 2 + \dfrac{\dfrac{2532160}{3^{16}}}{1 - \dfrac{1}{3^{16}}}$

$\qquad = 2 + 2532160 \sum\limits_{k=1}^{\infty} \dfrac{1}{3^{16k}}$

$\qquad = 2.\dot{0}011202122110201\dot{}_{(3)}$

さらに，10進法では

$$\frac{35}{17} = 2.\dot{0}588235294117647\dot{}_{(10)}$$

となりますが，これも周期は16です．

一般に何進法であっても，周期は「16の約数」になり

ます．例えば，17進法なら以下のように周期は1です：

$$\frac{35}{17} = 2.1_{(17)}$$
$$= 2 + \frac{16}{17} \cdot \frac{1}{17-1} = 2 + \frac{16}{17} \sum_{k=1}^{\infty} \left(\frac{1}{17}\right)^k$$
$$= 2.0\dot{g} \ (g = 16)$$

次の証明2では，p進小数作成のアルゴリズムを利用します．漸化式を作成しているだけなので，実際の計算はコンピューターを使って行うと良いでしょう．

証明2

正の有理数のみを考える．

実際に割り算して，p進展開してみよう．

$$\frac{\alpha}{\beta} \in \mathbb{Q} \ (\alpha, \beta \in \mathbb{N}, \ \alpha, \beta \text{ は互いに素})$$

に対し，$a_n, b_n \in \mathbb{Z} \ (n \geq 0)$ を以下で定める (a_0 以外は自然数)：

$$a_0 = \frac{\alpha}{p},$$
$$pa_n = \beta b_n + a_{n+1} \ (0 \leq a_{n+1} \leq \beta - 1) \ (n \geq 0)$$

つまり，a_n が定まったとき，pa_n を β で割ったときの余り，商をそれぞれ $a_{n+1}, b_n \left(= \left[\frac{pa_n}{\beta}\right]\right)$ とする．

$$pa_n - a_{n+1} = \beta b_n$$
$$\iff \frac{a_n}{p^{n-1}} - \frac{a_{n+1}}{p^n} = \beta \cdot \frac{b_n}{p^n} \ (n \geqq 0)$$

より,

$$\sum_{n=0}^{\infty} \left(\frac{a_n}{p^{n-1}} - \frac{a_{n+1}}{p^n} \right) = \sum_{n=0}^{\infty} \beta \cdot \frac{b_n}{p^n}$$
$$\therefore \quad \frac{\alpha}{\beta} = \sum_{n=0}^{\infty} \frac{b_n}{p^n}$$

となることが,

$$\sum_{n=0}^{\infty} \left(\frac{a_n}{p^{n-1}} - \frac{a_{n+1}}{p^n} \right) = \lim_{n \to \infty} \left(\alpha - \frac{a_{n+1}}{p^n} \right) = \alpha$$
$$\left(\because \left| \frac{a_{n+1}}{p^n} \right| < \frac{\beta}{p^n} \to 0 \ (n \to \infty) \right)$$

から分かる．

さらに, $n \geqq 1$ で

$$0 \leqq b_n = \frac{pa_n - a_{n+1}}{\beta} \leqq \frac{pa_n}{\beta} \leqq \frac{p(\beta-1)}{\beta} < p$$

であるから,

$$\frac{\alpha}{\beta} = b_0 + \sum_{n=1}^{\infty} \frac{b_n}{p^n} \quad \cdots\cdots\cdots \quad (*)$$

が $\dfrac{\alpha}{\beta}$ の小数部分の p 進展開を与える．

最後に，これが有限小数または循環小数であることを示せば良い．

$a_n \, (n \geqq 1)$ のとりうる値は高々 β 通りしかないので,

$$a_i = a_j \ (1 \leqq i < j \leqq \beta + 1)$$

となるものがある．すると，定義式から

$$a_{i+1} = a_{j+1}, \ b_{i+1} = b_{j+1}$$

となり，以後，

$$b_{i+1}b_{i+2}\cdots\cdots b_{j-1}b_j$$

が循環する．特に $a_i = 0$ なら，

$$a_n = b_n = 0 \ (n \geqq i)$$

となり，0 が循環する (つまり，有限小数である)．

以上で示された．

(証明2おわり)

➡注：証明中の (*) において，整数部分は p 進表記でありません．また，"p 進展開の一意性"は別問題です．この辺りの議論は，ここでは省略します．

また，この方法でも

$$\frac{35}{17} = 2.\dot{0}011202122110201\dot{}_{(3)}$$

を導くことができます．

本節の最後に，κ が無理数であることを，少し違ったアプローチで示してみましょう．まずは，次の補題から．

補題３．２

実数 α に対して，

$$0 < \left|p_n\alpha - q_n\right|, \lim_{n\to\infty}\left|p_n\alpha - q_n\right| = 0$$

を満たす整数の数列 $\{p_n\}$, $\{q_n\}$ が存在するならば，α は無理数である．

証明

対偶を示す．

α が有理数とする．α と異なる任意の有理数をとり，

$$\alpha = \frac{b}{a} \neq \frac{q}{p} \ (a, b, p, q \in \mathbb{Z}, a > 0, p > 0)$$

とすると，

$$\left|p\alpha - q\right| = \frac{\left|bp - aq\right|}{a} \geq \frac{1}{a} \ (\because \left|bp - aq\right| \in \mathbb{N})$$

が成り立つ．

よって，α が有理数であるならば，どのような整数列 $\{p_n\}$, $\{q_n\}$ をとっても，

$$0 < \left|p_n\alpha - q_n\right|, \lim_{n\to\infty}\left|p_n\alpha - q_n\right| = 0$$

が成り立つことはない．

以上で示された．

（証明おわり）

無理数を判定する公式を作ることができました．これを利用して，κ が無理数であることを示します．

$$\kappa = \sum_{k=-\infty}^{\infty} (-1)^k \left(\frac{1}{2}\right)^{\frac{k(3k-1)}{2}}$$
$$= 1 - \frac{1}{2} - \left(\frac{1}{2}\right)^2 + \left(\frac{1}{2}\right)^5 + \left(\frac{1}{2}\right)^7$$
$$- \left(\frac{1}{2}\right)^{12} - \left(\frac{1}{2}\right)^{15} + \left(\frac{1}{2}\right)^{22} + \left(\frac{1}{2}\right)^{26} - \cdots\cdots$$

を使ってどんな整数列 $\{p_n\}$, $\{q_n\}$ を作れば良いのか，考えてみましょう．

7 の 別解

κ の無限級数表記：

$$\kappa = \sum_{k=-\infty}^{\infty} (-1)^k \left(\frac{1}{2}\right)^{\frac{k(3k-1)}{2}}$$
$$= \sum_{k=-n}^{n} (-1)^k \left(\frac{1}{2}\right)^{\frac{k(3k-1)}{2}}$$
$$+ \sum_{k=n+1}^{\infty} (-1)^k \left\{ \left(\frac{1}{2}\right)^{\frac{k(3k-1)}{2}} + \left(\frac{1}{2}\right)^{\frac{k(3k+1)}{2}} \right\}$$
$$= 1 - \frac{1}{2} - \left(\frac{1}{2}\right)^2 + \cdots\cdots$$
$$+ (-1)^n \left(\frac{1}{2}\right)^{\frac{n(3n-1)}{2}} + (-1)^n \left(\frac{1}{2}\right)^{\frac{n(3n+1)}{2}}$$
$$+ \sum_{k=n+1}^{\infty} (-1)^k \left\{ \left(\frac{1}{2}\right)^{\frac{k(3k-1)}{2}} + \left(\frac{1}{2}\right)^{\frac{k(3k+1)}{2}} \right\}$$

から，

$$\left|\left\{\kappa-\sum_{k=-n}^{n}(-1)^k\left(\frac{1}{2}\right)^{\frac{k(3k-1)}{2}}\right\}\cdot 2^{\frac{n(3n+1)}{2}}\right|$$

$$\leqq 2^{\frac{n(3n+1)}{2}}\cdot\sum_{k=n+1}^{\infty}\left\{\left(\frac{1}{2}\right)^{\frac{k(3k-1)}{2}}+\left(\frac{1}{2}\right)^{\frac{k(3k+1)}{2}}\right\}$$

$$\leqq 2^{\frac{n(3n+1)}{2}}\cdot 2\cdot\sum_{k=n+1}^{\infty}\left(\frac{1}{2}\right)^{\frac{k(3k-1)}{2}}$$

$$\leqq 2^{\frac{n(3n+1)}{2}}\cdot 2\cdot\sum_{m=0}^{\infty}\left(\frac{1}{2}\right)^{\frac{(n+1)(3n+2)}{2}}\cdot\left(\frac{1}{2}\right)^m$$

$$= 2^{\frac{n(3n+1)}{2}}\cdot 2\cdot\frac{\left(\frac{1}{2}\right)^{\frac{(n+1)(3n+2)}{2}}}{1-\frac{1}{2}}$$

$$= 2^{1-2n} \to 0 \ (n\to\infty)$$

となることが分かる.

よって,数列 $\{p_n\}$, $\{q_n\}$ を

$$p_n = 2^{\frac{n(3n+1)}{2}},$$
$$q_n = 2^{\frac{n(3n+1)}{2}}\cdot\sum_{k=-n}^{n}(-1)^k\left(\frac{1}{2}\right)^{\frac{k(3k-1)}{2}}$$

で定めると,補題3.2の仮定を満たしており,κ が無理数であることが分かる.

==================別解おわり

実は,κ は超越数であることが知られています.超越数の定義は…

定義

『実数 α が代数的である』とは"整数を係数にもつ多項式 $f(x)$ で $f(\alpha)=0$ となるものが存在する"ことである．代数的でない実数を『超越数』という．

➡注：一般に，代数的数や超越数は，複素数で定義されています．例えば，i は $x^2+1=0$ の解ですから，代数的な虚数です．また，有理数は代数的数であり，一般に，$z=a+bi$ $(a, b \in \mathbb{Q})$ は代数的です．

数を調べるには様々な技術が必要となります．κ が超越数であることを証明するのも，なかなか大変です(残念ながら，本書の範疇ではありません)．

本節はここまでです．

次章では，代数的数，超越数について，高校数学からスタートして議論し，その中でいくつかの技術を紹介します．その中で，e の超越性証明の1例を挙げます．

2. 超越数，代数的数と集合の濃度

2. 超越数, 代数的数と集合の濃度

　第2章のテーマは『代数的数, 超越数』と『集合の濃度』です. 前者については, 前章の最後で定義を与えました. 後者は,「無限集合の要素がどれくらいあるのか」を比較するための概念で, かなり抽象的なものです. 少し難しいですが, 具体例をたくさん挙げるので, 親しんでもらえるはずです.

　数について興味をもつと, 必然的に"素数""無理数"に出会い, そして"超越数"というものの存在を知ることになります. 自然対数の底 e が超越数であることは有名ですが, 実は,"ほとんどすべて"の実数は超越数です (前章の主役 κ も超越数でした). この"ほとんどすべて"を理解するために必要な概念こそが, "集合の濃度"です.

　これらの事実を, 高校数学だけを仮定して議論します.

2.1 代数的数を計算しよう
　代数的数の四則演算 (有限回) で得られる数は代数的です. 具体的な数で考えると当たり前と思えるこの事実を, 一般的に示します.

2.2 e, π について考えよう

数を解析的に扱います．まず，"π が無理数であること"を示す阪大の入試問題を紹介し，さらに，e の超越性を証明します．

2.3 集合の濃度って？

"集合の濃度"の概念を導入し，"ほとんどすべての実数は超越数であること"などを解説します．さらに，変わった関数の例から，直観が通じない世界を体験してもらいます．特に，"関数の連続性"のイメージが覆されるはずです．

2.4 集合の濃度を使ってみよう

本章のまとめとして論証問題をいくつか扱います．また，特殊な集合，関数を紹介します．

2.1 代数的数を計算しよう

本節では，代数的数同士を計算した結果も代数的数になること，つまり，代数的数全体の集合が四則演算で閉じていることを，代数的に示していきます．例を交えつつ，丁寧に見ていきましょう．

> **定義**
>
> 『実数 α が代数的である』とは「整数を係数にもつ多項式 $f(x)$ で $f(\alpha)=0$ となるものが存在する」ことである．代数的でない実数を『超越数』という．
> 一般に，代数的数や超越数は，複素数で定義される．

🛡**例** $\sqrt{2}$, $\dfrac{5-\sqrt{3}}{2}$, $\sqrt[3]{2}+\sqrt{3}$ などは代数的です．

$f(x) = x^2 - 2$
$\Rightarrow\ f(\sqrt{2}) = 0,$
$f(x) = 2x^2 - 10x + 11$
$\Rightarrow\ f\left(\dfrac{5-\sqrt{3}}{2}\right) = 0,$
$f(x) = x^6 - 9x^4 - 4x^3 + 27x^2 - 36x - 23$
$\Rightarrow\ f(\sqrt[3]{2}+\sqrt{3}) = 0$

2つ目は解の公式から分かりますが，3つ目は地道に…

$$x = \sqrt[3]{2} + \sqrt{3}$$
$\Leftrightarrow\ x - \sqrt{3} = \sqrt[3]{2}$
$\Rightarrow\ x^3 - 3\sqrt{3}x^2 + 9x - 3\sqrt{3} = 2$
$\Leftrightarrow\ x^3 + 9x - 2 = 3\sqrt{3}(x^2 + 1)$
$\Rightarrow\ x^6 + 81x^2 + 4 + 18x^4 - 4x^3 - 36x$
$\quad = 27(x^4 + 2x^2 + 1)$
$\Leftrightarrow\ x^6 - 9x^4 - 4x^3 + 27x^2 - 36x - 23 = 0$

とすれば，6次方程式の解になることが分かります．

🔵**例** e, π などは超越数です．e の超越性は，次節で示します．

では，代数的数の計算へ．以下を示しましょう！

<u>定理</u>

数 α, β が代数的ならば，以下は代数的である：

1) 逆数 $\dfrac{1}{\alpha}$ ($\alpha \neq 0$)

2) 有理数 q との和 $\alpha + q$，積 $q\alpha$

3) 和 $\alpha + \beta$，積 $\alpha\beta$

$\sqrt{\ }$ のようなものを使って表すことができる数は代数的数っぽいので，当たり前のような気がしますね．

1), 2) の証明

2) において $q=0$ または $\alpha=0$ のとき,明らかに代数的であるから,以下では $q \neq 0$ かつ $\alpha \neq 0$ とする.

$f(\alpha)=0$ なる多項式

$$f(x)=\sum_{i=0}^{n} a_i x^i \ (a_i \in \mathbb{Z},\ a_0 \neq 0,\ a_n \neq 0)$$

をとると,

$$\sum_{i=0}^{n} a_i \alpha^i = 0 \iff \sum_{i=0}^{n} a_i \left(\frac{1}{\alpha}\right)^{n-i} = 0$$
$$\iff \sum_{i=0}^{n} a_i \{(\alpha+q)-q\}^i = 0$$
$$\iff \sum_{i=0}^{n} \frac{a_i}{q^i}(q\alpha)^i = 0$$

より,

$$f_1(x) = \sum_{j=0}^{n} a_{n-j} x^j \ (j=n-i),$$
$$f_2(x) = \sum_{i=0}^{n} a_i (x-q)^i$$
$$= \sum_{i=0}^{n} a_i \left(\sum_{l=0}^{i} {}_i C_l (-q)^{i-l} x^l\right),$$
$$f_3(x) = q^n \times \sum_{i=0}^{n} \frac{a_i}{q^i} x^i$$
$$= \sum_{i=0}^{n} a_i q^{n-i} x^i$$

とすれば,それぞれ $\frac{1}{\alpha}$ $(\alpha \neq 0)$, $\alpha+q$, $q\alpha$ を代入して 0 になる整数係数の多項式である.以上で 1), 2) は示された.

(1), 2) の証明おわり)

⇨注：超越数 a, b があれば…

1) 逆数 $\dfrac{1}{a}$ は超越数

2) 和 $a+b$, 積 ab は超越数とは限らない

は明らかでしょうか？

1) は「もしも $\dfrac{1}{a}$ が代数的数なら，これが解になる方程式を作ることができ，その方程式から a が解になる方程式を作れる」からです．

2) は例えば，$a=1-e$, $b=1+e$ としたら $a+b=2$ となって代数的ですし，a と $b=\dfrac{1}{a}$ としたら $ab=1$ となって代数的です．

代数的数同士の計算を扱うには，少し準備が必要です．代数的数 α に関して，いくつか言葉を定義していきます．

● $f(\alpha)=0$ なる有理数係数多項式の中で，最高次の係数が 1 で，しかも，次数が最小であるものを，「α の最小多項式 ($\mathbb{Q}$ 上の)」といいます．

次数の最小性から最小多項式は一意に定まります (複数あれば，同次になるので，その差はより次数の低い有理数係数多項式です．それに α を代入して 0 になってし

まうから，最小性に矛盾します）．最小性の意味は，「有理数係数の範囲で因数分解できない」多項式ということです．

● 最小多項式の次数が1になるαは有理数です．

$n \geq 2$のとき，最小多項式を

$$f(x) = \sum_{i=0}^{n} a_i x^i \ (a_i \in \mathbb{Q}, \ a_n = 1)$$

とおくと，

$$\alpha^n = -\sum_{i=0}^{n-1} a_i \alpha^i$$

となります．ゆえに，「有理数とαの和，積を有限回行って得られる実数」の集合（$\mathbb{Q}(\alpha)$とおく）は以下のようになります：

$$\mathbb{Q}(\alpha) = \left\{ \sum_{i=0}^{n-1} b_i \alpha^i \,\middle|\, b_i \in \mathbb{Q} \right\}$$

（n次以上の多項式にαを代入するときは，

$f(x)$で割った余りに代入すれば良い）

例えば

$$\mathbb{Q}(\sqrt{2}) = \{\sqrt{2}a + b | a, b \in \mathbb{Q}\},$$
$$\mathbb{Q}(\sqrt[3]{2}) = \{\sqrt[3]{4}a + \sqrt[3]{2}b + c | a, b, c \in \mathbb{Q}\}$$

です．

$f(x)$が最小多項式なので，$\mathbb{Q}(\alpha)$の各要素を表すには高々$n-1$次多項式$\sum_{i=0}^{n-1} b_i x^i$を考えれば十分です．つまり，

$\mathbb{Q}(\alpha)$ の各要素を考えるには,係数を並べた n 個の有理数からなる組

$(b_0, b_1, b_2, \cdots\cdots, b_{n-1})$

を考えれば良いことになります.

しかも,$\mathbb{Q}(\alpha)$ での和の計算は,多項式 $\sum_{i=0}^{n-1} b_i x^i$ での和の計算 (次数毎の係数の和) と対応しています.

● 上記の状況を,$\mathbb{Q}(\alpha)$ は "$\mathbb{Q}$ 上の n 次元ベクトル空間である" といいます.いま,

$(1, 0, 0, \cdots\cdots, 0) \to 1,$

$(0, 1, 0, \cdots\cdots, 0) \to \alpha,$

$(0, 0, 1, \cdots\cdots, 0) \to \alpha^2,$

$\cdots\cdots$

$(0, 0, 0, \cdots\cdots, 1) \to \alpha^{n-1}$

という対応になっており,n 個の数 (ベクトル)

$1, \alpha, \alpha^2, \cdots\cdots, \alpha^{n-1}$

は "1 次独立" であり,"$\mathbb{Q}(\alpha)$ の基底をなす" といいます.また,1 次独立でないことを "1 次従属" といいます.

● ベクトル空間について補足します (簡単のため,3 次元で).3 次元空間で,$\vec{0}$ でない 4 つのベクトル

$\vec{a}, \vec{b}, \vec{c}, \vec{d}$

をとります.

○ $\vec{a}$, $\vec{b}$, $\vec{c}$ が1次独立なら,
$$\vec{d} = s\vec{a} + t\vec{b} + u\vec{c}$$
$$\Leftrightarrow s\vec{a} + t\vec{b} + u\vec{c} - \vec{d} = \vec{0}$$
$$(s, t, u \in \mathbb{R}, (s, t, u) \neq (0, 0, 0))$$
となります.

○ $\vec{a}$, $\vec{b}$, $\vec{c}$ が1次従属なら,
$$s\vec{a} + t\vec{b} + u\vec{c} = \vec{0}$$
$$\Leftrightarrow s\vec{a} + t\vec{b} + u\vec{c} + 0\vec{d} = \vec{0}$$
$$(s, t, u \in \mathbb{R}, (s, t, u) \neq (0, 0, 0))$$
となります.

このように, 次元よりも多い個数のベクトルをとると, 必ず1次従属になります. いまは, $\mathbb{R}$ 上でなく $\mathbb{Q}$ 上で考えているから, 係数を有理数に限定しているのです.

⇨注：2) で考えた有理数 q との和 $\alpha + q$, 積 $q\alpha$ は $\mathbb{Q}(\alpha)$ の要素です.

では, 前置きはこれくらいにして, 定理の3)：「代数的数 α, β の和 $\alpha + \beta$, 積 $\alpha\beta$ は代数的」の証明にいきましょう.

3) の証明

まず，代数的数の定義を，「有理数を係数にもち，最高次の係数が 1 の多項式 $f(x)$ で $f(\alpha) = 0$ となるものが存在する」と言い換えることができる (最高次の係数で割る).

$f(\alpha) = 0$ なる多項式

$$f(x) = \sum_{i=0}^{n} a_i x^i \ (a_i \in \mathbb{Q},\ a_n = 1)$$

をとる．$f(x)$ は最小多項式であるとする．

$n = 1$ のとき，α は有理数であり，2) から和 $\alpha + \beta$，積 $\alpha\beta$ が代数的であると分かる．

以下，$n \geq 2$ とする．

$$\alpha^n = -\sum_{i=0}^{n-1} a_i \alpha^i$$

より，「有理数と α の和，積を有限回行って得られる実数」の集合 ($\mathbb{Q}(\alpha)$ とおく) は以下のようになる:

$$\mathbb{Q}(\alpha) = \left\{ \sum_{i=0}^{n-1} b_i \alpha^i \,\middle|\, b_i \in \mathbb{Q} \right\}$$

$f(x)$ が最小多項式であるから，$\mathbb{Q}(\alpha)$ の各要素を表す高々 $n-1$ 次多項式 $\sum_{i=0}^{n-1} b_i x^i$ はただ 1 つしか存在しない．つまり，係数を並べた，n 個の有理数からなる組

$$(b_0,\ b_1,\ b_2,\ \cdots\cdots,\ b_{n-1})$$

を決めることが $\mathbb{Q}(\alpha)$ を考えることに他ならない (n 次元ベクトル空間です)．

すると，$\theta \in \mathbb{Q}(\alpha)$ に対し，$n+1$ 個の数 (ベクトル)

$$1,\ \theta,\ \theta^2,\ \cdots\cdots,\ \theta^{n-1},\ \theta^n$$

は "1 次従属 (1 次独立でない)" であるから，

$$c_0 + c_1\theta + c_2\theta^2 + \cdots\cdots + c_{n-1}\theta^{n-1} + c_n\theta^n = 0$$

なる有理数の組

$$(c_0,\ c_1,\ c_2,\ \cdots\cdots,\ c_{n-1},\ c_n)$$
$$\neq (0,\ 0,\ 0,\ \cdots\cdots,\ 0,\ 0)$$

が存在する．

これは $\theta \in \mathbb{Q}(\alpha)$ が代数的であることを意味する．

これまでの考察から，$\beta \in \mathbb{Q}(\alpha)$ であれば，

$$\alpha + \beta,\ \alpha\beta \in \mathbb{Q}(\alpha)$$

であるから，これらは代数的である．

以下では，$\beta \notin \mathbb{Q}(\alpha)$ とする．

ここで，β は代数的であるから，有理数係数の最小多項式が存在するが，$\mathbb{Q} \subset \mathbb{Q}(\alpha)$ なので，$\mathbb{Q}(\alpha)$ に係数をもつ多項式

$$g(x) = \sum_{j=0}^{m} p_j x^j\ (p_j \in \mathbb{Q}(\alpha),\ p_m = 1)$$

で $g(\beta) = 0$ となるものが存在する (ここでも次数が最小になるものがただ 1 つ存在し，それを $\mathbb{Q}(\alpha)$ 上の最小多項式と呼ぶ)．$g(x)$ は最小多項式であるとする．

⇨注：一般に，$\mathbb{Q}(\alpha)$ 上の最小多項式の次数は，$\mathbb{Q}$ 上の最小多項式の次数以下です．

例えば，$\alpha=\sqrt{2}$, $\beta=\sqrt[4]{2}$ のとき，β の最小多項式は，$\mathbb{Q}$ 上，$\mathbb{Q}(\alpha)$ 上の順で
$$x^4-2, \ x^2-\sqrt{2}$$
となります．

⇨注：一般的に議論するとき，$p_m=1$ にできることは証明を要します．"最高次の係数の逆数をかけると…" としたいですが，

『$\mathbb{Q}(\alpha)$ の要素の逆数も $\mathbb{Q}(\alpha)$ の要素である』

.... (#)

こと，つまり
$$\frac{1}{3+\sqrt{2}}=\frac{3-\sqrt{2}}{7}\in\mathbb{Q}(\sqrt{2})$$
のように『$\mathbb{Q}(\alpha)$ 内で分母の有理化ができる』ことは自明ではないからです．ここでは認めて，後で証明します．

最小多項式の定義から，「$\mathbb{Q}(\alpha)$ の要素と β の和，積を有限回行って得られる実数」の集合（$\mathbb{Q}(\alpha, \beta)$ とおく）は以下のようになる：

$$\mathbb{Q}(\alpha, \beta) = \left\{ \sum_{j=0}^{m-1} q_j \beta^j \,\middle|\, q_j \in \mathbb{Q}(\alpha) \right\}$$
$$= \left\{ \sum_{i=0}^{n-1} \left(\sum_{j=0}^{m-1} q_{i,j} \alpha^i \beta^j \right) \,\middle|\, q_{i,j} \in \mathbb{Q} \right\}$$

つまり，$\mathbb{Q}$ 上の nm 次元ベクトル空間になる．さきほどと同様の議論により，$\omega \in \mathbb{Q}(\alpha, \beta)$ としたら，

$$1, \omega, \omega^2, \cdots\cdots, \omega^{nm-1}, \omega^{nm}$$

が1次従属であることが分かり，ゆえに，ω が代数的であることが分かる．

$\alpha + \beta, \alpha\beta \in \mathbb{Q}(\alpha, \beta)$ であるから，これらは代数的であることが示された (「(#) を認めたら」ですが…)．

最後に，(#) を示すため，補助命題 (有理数係数多項式版の"ユークリッドの互除法") を考える (証明は後ほど)．

補題

次数が1以上の有理数係数の多項式 $f(x), g(x)$ は互いに素であるとする ($f(x), g(x)$ をともに割り切る有理数係数多項式が存在しないということ)．すると，有理数係数多項式 $a(x), b(x)$ で

$$a(x)f(x) + b(x)g(x) = 1$$

となるものが存在する．

$\mathbb{Q}$ 上の α の最小多項式を $f(x)$ とおいている (n 次).

$\mathbb{Q}(\alpha) = \left\{ \sum_{i=0}^{n-1} b_i \alpha^i \,\middle|\, b_i \in \mathbb{Q} \right\}$ の要素は高々 $n-1$ 次の有理数係数多項式 $g(x)$ を用いて $g(\alpha)$ と表すことができる.

$g(\alpha)\,(\neq 0)$ の逆数が $\mathbb{Q}(\alpha)$ の要素であることを示したい.

$g(\alpha) \neq 0$ と f の最小性により,$f(x)$ と $g(x)$ は互いに素であると分かる.

よって,補題から,

$\quad a(x)f(x) + b(x)g(x) = 1$

となる有理数係数多項式 $a(x)$, $b(x)$ が存在する.

特に,$x = \alpha$ を代入することで,

$\quad b(\alpha)g(\alpha) = 1 \;(\because f(\alpha) = 0)$

$\therefore \;\; \dfrac{1}{g(\alpha)} = b(\alpha) \in \mathbb{Q}(\alpha)$

となる.これで,

『$\mathbb{Q}(\alpha)$ の要素の逆数も $\mathbb{Q}(\alpha)$ の要素である』

$\quad\quad\quad\quad\quad\quad\quad\quad\quad\quad\quad\quad$ ……… (#)

が示された (「補題を認めたら」ですが…).

ゆえに,『最高次の係数が 1 であるような $\mathbb{Q}(\alpha)$ 上の最小多項式の存在』も証明できたので,すべて示された.

$\quad\quad\quad\quad\quad\quad\quad\quad\quad\quad\quad\quad$(3)の証明おわり)

√っぽい数を足したり掛けたりしても，√っぽい数字になる，という直観的に当たり前のことでも，ちゃんと考えると大変ですね．

まだ**補題**の証明をしていませんでした．

最後にもう少し頑張りましょう．

補題の証明

有理数係数の多項式同士では，割り算したときに商も余りも有理数係数の多項式になることに注意する．

$g(x)$ の次数が $f(x)$ の次数以上のとき，割り算して

$g(x) = Q(x)f(x) + g_1(x)$

　($Q(x)$, $g_1(x)$ は有理数係数，

　　$g_1(x)$ の次数は $f(x)$ の次数未満)

となる．もし

$a_1(x)f(x) + b_1(x)g_1(x) = 1$

となる有理数係数多項式 $a_1(x)$, $b_1(x)$ が存在するなら，

$\{a_1(x) - b_1(x)Q(x)\}f(x) + b_1(x)g(x) = 1$

となる．よって，$f(x)$ の方が次数が高いとして良い．

$f(x)$ を固定し，$g(x)$ の次数に関する帰納法で示す．

ⅰ) $g(x)$ が1次式のとき，割り算して

$f(x) = R(x)g(x) + p$

　　($R(x)$ は有理数係数，p は有理数)

とできる．

$$a(x) = \frac{1}{p},\ b(x) = -\frac{1}{p}R(x)$$

とすれば，$a(x)$，$b(x)$ は有理数係数多項式で

$a(x)f(x) + b(x)g(x) = 1$

となる．

ⅱ) 次数が k 以下のすべての有理数係数多項式 $h(x)$ に対して，

$A(x)f(x) + B(x)h(x) = 1$

を満たす有理数係数多項式 $A(x)$，$B(x)$ が存在すると仮定する．

すると，$k+1$ 次の有理数係数多項式 $g(x)$ に対し，割り算して

$f(x) = S(x)g(x) + g_2(x)$

　　($S(x)$，$g_2(x)$ は有理数係数，

　　$g_2(x)$ の次数は $g(x)$ の次数未満)

とできる．仮定から，

$a_2(x)f(x) + b_2(x)g_2(x) = 1$

となる有理数係数多項式 $a_2(x)$，$b_2(x)$ が存在し，上の式

を代入すると，

$$\{a_2(x)+b_2(x)\}f(x)-b_2(x)S(x)g(x)=1$$

である．

$$a(x)=a_2(x)+b_2(x), \ b(x)=-b_2(x)S(x)$$

とすれば，$a(x)$, $b(x)$ は有理数係数多項式で

$$a(x)f(x)+b(x)g(x)=1$$

となる．

ⅰ），ⅱ）から数学的帰納法により示された．

(補題の証明おわり)

これで，代数的な数全体の集合は，四則演算について閉じていることが分かりました．

また，超越数全体の集合は，四則演算について閉じていないことも分かりました．

次節では，極限を活用して，高校数学ではあまり扱わない"超越性"について議論しましょう．

2.2 e, π について考えよう

数の超越性を証明するのは大変です．そのために数多くの定理が開発されていますが，ここでそれらについて述べることはせず，問題形式で，いくつかの数の無理性，超越性を調べていくにとどめます．

大学入試問題では，"e"，"$\log_{10}2$" や "$\tan 1°$" の無理性を証明させるものを見かけます．最初の問題は，"π" の無理性を証明させるもので，大学入試問題としては，最上級の難問の部類です．

1 大阪大学の問題

π を円周率とする．次の積分について考える．

$$I_0 = \pi \int_0^1 \sin \pi t \, dt,$$
$$I_n = \frac{\pi^{n+1}}{n!} \int_0^1 t^n (1-t)^n \sin \pi t \, dt$$
$$(n = 1,\ 2,\ 3,\ \cdots\cdots)$$

(1) n が自然数であるとき，

$$1 + \frac{x}{1!} + \frac{x^2}{2!} + \cdots\cdots + \frac{x^n}{n!} < e^x \quad (x > 0)$$

が成り立つことを示せ．また，

$$I_0 + uI_1 + u^2 I_2 + \cdots\cdots + u^n I_n < \pi e^{\pi u} \quad (u > 0)$$

が成り立つことを示せ.

(2) I_0, I_1 の値を求めよ. また,

$$I_{n+1} = \frac{4n+2}{\pi} I_n - I_{n-1} \quad (n = 1, 2, 3, \cdots\cdots)$$

が成り立つことを示せ.

(3) π が無理数であることを背理法により証明しよう. π が無理数でないとし, 正の整数 p, q によって $\pi = \dfrac{p}{q}$ と表されると仮定する.

$$A_0 = I_0, \ A_n = p^n I_n \quad (n = 1, 2, 3, \cdots\cdots)$$

とおくとき, A_0, A_1, A_2, $\cdots\cdots$ は正の整数になることを示せ. さらに, これから矛盾を導け.

<u>丁寧に誘導があるので, しっかり乗っていきましょう. それでも (2) の漸化式作成はややこしいです.</u>

解答

(1) $f_n(x) = e^x - \left(1 + \dfrac{x}{1!} + \dfrac{x^2}{2!} + \cdots\cdots + \dfrac{x^n}{n!}\right)$

とおき,

　　$f_n(x) > 0 \ (x > 0)$

を示す (n は自然数).

$n=1$ のとき，

$$f_1(x) = e^x - 1 - x,$$
$$f_1'(x) = e^x - 1 > 0 \ (x > 0)$$

より，$f_1(x)$ は $x>0$ で単調増加であり，

$$f_1(x) > f_1(0) = 0$$

が成り立つ．また，ある n で

$$f_n(x) > 0 \ (x > 0)$$

が成り立てば，

$$f_{n+1}'(x) = f_n(x) > 0 \ (x > 0)$$

より，$f_{n+1}(x)$ は $x>0$ で単調増加であり，

$$f_{n+1}(x) > f_{n+1}(0) = 0 \ (x > 0)$$

が成り立つ．数学的帰納法により，

$$f_n(x) > 0 \ (x > 0)$$

$$\therefore \quad 1 + \frac{x}{1!} + \frac{x^2}{2!} + \cdots\cdots + \frac{x^n}{n!} < e^x \quad (x > 0)$$

が成り立つことが示された．

これに $x = \pi u$ を代入し，

$$1 + \frac{\pi u}{1!} + \frac{(\pi u)^2}{2!} + \cdots\cdots + \frac{(\pi u)^n}{n!} < e^{\pi u}$$

である．ゆえに，

$$u^k I_k < \frac{\pi (\pi u)^k}{k!} \quad (0 \leqq k \leqq n)$$

を示せば良いが，これは，

$$u^k I_k = u^k \frac{\pi^{k+1}}{k!} \int_0^1 t^k(1-t)^k \sin\pi t \, dt$$
$$< u^k \frac{\pi^{k+1}}{k!} \int_0^1 dt = \frac{\pi(\pi u)^k}{k!}$$

$\left(\because \ 0 \leqq t^k \leqq 1, \ 0 \leqq (1-t)^k \leqq 1, \ 0 \leqq \sin\pi t \leqq 1\right)$

より，成り立つ．よって，

$$I_0 + uI_1 + u^2 I_2 + \cdots\cdots + u^n I_n < \pi e^{\pi u} \ (u > 0)$$

が成り立つことが示された．

(2) $\quad I_0 = \pi \int_0^1 \sin\pi t \, dt = \pi \left[\frac{-\cos\pi t}{\pi}\right]_0^1$
$\quad\quad\quad = 2,$

$\quad I_1 = \pi^2 \int_0^1 t(1-t) \sin\pi t \, dt$
$\quad\quad = \pi^2 \int_0^1 (t - t^2) \left(\frac{-\cos\pi t}{\pi}\right)' dt$
$\quad\quad = \pi^2 \left[\frac{-(t-t^2)\cos\pi t}{\pi}\right]_0^1 + \pi \int_0^1 (1-2t) \cos\pi t \, dt$
$\quad\quad = 0 + \pi \int_0^1 (1-2t) \left(\frac{\sin\pi t}{\pi}\right)' dt$
$\quad\quad = \pi \left[\frac{(1-2t)\sin\pi t}{\pi}\right]_0^1 - \int_0^1 (-2) \sin\pi t \, dt$
$\quad\quad = 0 + 2\left[\frac{-\cos\pi t}{\pi}\right]_0^1$
$\quad\quad = \frac{4}{\pi}$

2. 超越数，代数的数と集合の濃度

である．また，

$$\begin{aligned}
I_{n+1} &= \frac{\pi^{n+2}}{(n+1)!}\int_0^1 t^{n+1}(1-t)^{n+1}\left(\frac{-\cos\pi t}{\pi}\right)' dt \\
&= \frac{\pi^{n+2}}{(n+1)!}\left\{\left[t^{n+1}(1-t)^{n+1}\frac{-\cos\pi t}{\pi}\right]_0^1\right. \\
&\quad \left. +\frac{n+1}{\pi}\int_0^1 t^n(1-t)^n(1-2t)\cos\pi t\, dt\right\} \\
&\quad (\because (t^{n+1}(1-t)^{n+1})' = t^n(1-t)^n(1-2t)) \\
&= 0 + \frac{\pi^{n+1}}{n!}\int_0^1 t^n(1-t)^n(1-2t)\left(\frac{\sin\pi t}{\pi}\right)' dt \\
&= \frac{\pi^{n+1}}{n!}\left\{\left[t^n(1-t)^n(1-2t)\frac{\sin\pi t}{\pi}\right]_0^1\right. \\
&\quad +(4n+2)\int_0^1 t^n(1-t)^n\frac{\sin\pi t}{\pi}dt \\
&\quad \left. -n\int_0^1 t^{n-1}(1-t)^{n-1}\frac{\sin\pi t}{\pi}dt\right\} \\
&\quad (\because \{t^n(1-t)^n(1-2t)\}' \\
&\quad\quad = nt^n(1-t)^n(1-2t)\cdot(1-2t) - 2t^n(1-t)^n \\
&\quad\quad = (4n+2)t^n(1-t)^n - nt^{n-1}(1-t)^{n-1}) \\
&= 0 + \frac{4n+2}{\pi}\cdot\frac{\pi^{n+1}}{n!}\int_0^1 t^n(1-t)^n\sin\pi t\, dt \\
&\quad -\frac{\pi^n}{(n-1)!}\int_0^1 t^{n-1}(1-t)^{n-1}\sin\pi t\, dt \\
&= \frac{4n+2}{\pi}I_n - I_{n-1}
\end{aligned}$$

が成り立つ．

(3) $\pi = \dfrac{p}{q}$ と表せるとしたら,

$$A_0 = 2,\ A_1 = p \cdot \dfrac{4}{\pi} = 4q,$$

$$\begin{aligned}A_{n+1} &= p^{n+1}\Big((4n+2)\dfrac{q}{p} \cdot \dfrac{A_n}{p^n} - \dfrac{A_{n-1}}{p^{n-1}}\Big) \\ &= q(4n+2)A_n - p^2 A_{n-1}\end{aligned}$$

となるので,帰納的に A_n はすべて整数である.

定義式から $I_n > 0$ なので,$A_n > 0$ である.

以上で $A_0,\ A_1,\ A_2,\ \cdots\cdots$ は正の整数であることが示された.

このとき,(1)に $u = p$ を代入すると,

$$I_0 + pI_1 + p^2 I_2 + \cdots\cdots + p^n I_n < \pi e^{\pi p}$$

$$\therefore\ A_0 + A_1 + A_2 + \cdots\cdots + A_n < \pi e^{\pi p}$$

となり,$A_0,\ A_1,\ A_2,\ \cdots\cdots,\ A_n$ は正の整数なので,

$$n + 1 < \pi e^{\pi p}$$

が任意の n で成り立つ.

すると,$n \to \infty$ のとき左辺は発散するが,右辺は定数なので,不合理である.

π が有理数と仮定すると矛盾が生じるので,π は無理数である.

2. 超越数，代数的数と集合の濃度

なかなかややこしいですね.「正の∞に発散するものが有界」という矛盾でした. 極限, 微分, 積分を駆使しなければ「π が無理数」を示せないのです. 本問からも分かる通り, 数を解析的に扱うには, 高い先見性が求められます.

次は, 無理性から一歩進んで, 超越性について考えてみます. 歴史上, 超越性が証明された最初の数は

$$\sum_{k=0}^{\infty} 2^{-k!} = 0.11000100000000000000000$$
$$10000000000000000\cdots\cdots\cdots _{(2)}$$

です (リューヴィル (1844)).

また, 前章で扱った数

$$\prod_{n=1}^{\infty}\left(1-\frac{1}{2^n}\right) = \sum_{k=-\infty}^{\infty}(-1)^k\left(\frac{1}{2}\right)^{\frac{k(3k-1)}{2}}$$
$$= 0.01001001111011100000$$
$$01000011\cdots\cdots\cdots _{(2)}$$

は超越数ですし, π も超越数です.

しかし, これらの超越性を示すのは少し大変なので, ここでは, e の超越性を示します. エルミートの証明をもとに, 入試問題調にアレンジした問題です.

2 e の超越性

e が代数的であると仮定すると,

$$a_0 + a_1 e + a_2 e^2 + \cdots\cdots + a_n e^n = 0 \quad\cdots\cdots\quad (*)$$

を満たす整数 $a_0,\ a_1,\ a_2,\ \cdots\cdots,\ a_n$ が存在する. ただし, $n \geq 1$ であり, $a_0 a_n \neq 0$ である.

次に, n より十分大きい素数 p を 1 つ固定し,

$$f(x) = x^{p-1}(x-1)^p (x-2)^p \cdots\cdots (x-n)^p$$

とおく. $f(x)$ の次数を m とおくと, $m=(n+1)p-1$ である.

(1) $I(t) = e^t \int_0^t e^{-x} f(x)\,dx$ とおくとき, 部分積分で,

$$I(t) = e^t \sum_{j=0}^{m} f^{(j)}(0) - \sum_{j=0}^{m} f^{(j)}(t)$$

が成り立つことを示せ.

(2) $J = -\sum_{i=0}^{n} a_i I(i)$ とおく.

1) (1) を用いて,

$$J = \sum_{i=0}^{n}\left(a_i \sum_{j=0}^{m} f^{(j)}(i)\right)$$

を示せ. さらに, J は $(p-1)!$ で割り切れるが, $p!$ では割り切れない整数であることを示せ.

2) 被積分関数を評価することにより,

$$|I(i)| \leq ie^i(2n)^m \quad (i=0, 1, 2, \cdots\cdots, n)$$

を示せ. さらに,

$$|J| \leq \frac{\max_{0 \leq i \leq n}\{|a_i|\} \cdot (n+1)e^n}{2} \cdot \{(2n)^{n+1}\}^p$$

を示せ.

(3) ここまでの結果から矛盾を導き, e が超越数であることを示せ.

<u>丁寧に誘導があるので, しっかり乗っていきましょう. それでも全体的にややこしいです. 最後は, どんな矛盾が起こるのでしょうか?</u>

解答

(1) $0 \leq j \leq m$ に対し, 部分積分により,

$$\begin{aligned}
&e^t \int_0^t e^{-x} f^{(j)}(x) dx \\
&= e^t \left\{ \left[-e^{-x} f^{(j)}(x) \right]_0^t + \int_0^t e^{-x} f^{(j+1)}(x) dx \right\} \\
&= e^t f^{(j)}(0) - f^{(j)}(t) + e^t \int_0^t e^{-x} f^{(j+1)}(x) dx
\end{aligned}$$

が成り立つので, これを繰り返し用いると,

$$\begin{aligned}I(t)&=e^t\sum_{j=0}^m f^{(j)}(0)-\sum_{j=0}^m f^{(j)}(t)+e^t\int_0^t e^{-x}f^{(m+1)}(x)dx\\&=e^t\sum_{j=0}^m f^{(j)}(0)-\sum_{j=0}^m f^{(j)}(t)\ (\because f^{(m+1)}(x)=0)\end{aligned}$$

となる．

(2)

1) (1) より，

$$\begin{aligned}J&=-\sum_{i=0}^n a_i I(i)\\&=-\sum_{i=0}^n\left\{a_i\left(e^i\sum_{j=0}^m f^{(j)}(0)-\sum_{j=0}^m f^{(j)}(i)\right)\right\}\\&=\sum_{i=0}^n\left(a_i\sum_{j=0}^m f^{(j)}(i)\right)-\left(\sum_{i=0}^n a_i e^i\right)\left(\sum_{j=0}^m f^{(j)}(0)\right)\\&=\sum_{i=0}^n\left(a_i\sum_{j=0}^m f^{(j)}(i)\right)\ (\because (*))\end{aligned}$$

が成り立つ．

$f(x)$ は整数係数の多項式であり，何回微分しても整数係数であるから，$f^{(j)}(i)$ はすべて整数である．

ゆえに，J は整数である．また，

$$f^{(j)}(0)=0\ (0\leq j\leq p-2),$$
$$f^{(j)}(i)=0\ (0\leq j\leq p-1,\ 1\leq i\leq n)$$

である．$j\geq p$ のとき，$f^{(j)}(x)$ のすべての係数は，

　(整数) $\times\ _N\mathrm{P}_j$

の形であり，

$$_N\mathrm{P}_j={}_N\mathrm{C}_j\cdot j!={}_N\mathrm{C}_j\cdot {}_j\mathrm{P}_{j-p}\cdot p!$$

より，$_N\mathrm{P}_j$ は $p!$ の倍数である．ゆえに，$0 \leq i \leq n$ に対して $f^{(j)}(i)$ は $p!$ で割り切れる．

これで，J に現れた $f^{(j)}(i)$ のうち，$f^{(p-1)}(0)$ 以外は $p!$ で割り切れることが分かった．最後の

$$f^{(p-1)}(0) = (-1)^{np}(n!)^p(p-1)!$$

は，$(p-1)!$ で割り切れるが，$p!$ では割り切れない．

よって，J は $(p-1)!$ で割り切れるが，$p!$ では割り切れない整数である．

2) 次に，$I(i)$ の被積分関数を評価すると，

$$\begin{aligned}
|I(i)| &\leq |e^i| \left| \int_0^i |e^{-x}| |x|^{p-1} |x-1|^p |x-2|^p \cdots \right. \\
&\qquad\qquad\qquad\qquad\qquad \left. \cdots |x-n|^p \, dx \right| \\
&\leq e^i \int_0^i e^0 (2n)^m \, dx \\
&\quad (\because |x-k| \leq |x| + |k| \leq i + n \leq 2n) \\
&= i e^i (2n)^m
\end{aligned}$$

となる (最後は定数を積分した)．これにより，

$$\begin{aligned}
|J| &\leq \sum_{i=0}^n |a_i| |I(i)| \\
&\leq \max_{0 \leq i \leq n}\{|a_i|\} \sum_{i=0}^n i e^i (2n)^m \\
&\leq \max_{0 \leq i \leq n}\{|a_i|\} \sum_{i=0}^n n e^n (2n)^{(n+1)p-1} \\
&= \frac{\max_{0 \leq i \leq n}\{|a_i|\} \cdot (n+1) e^n}{2} \cdot \{(2n)^{n+1}\}^p
\end{aligned}$$

となることが示された.

(3) (2) の 1) より, J は 0 でなく, $(p-1)!$ で割り切れる整数なので,

$$|J| \geqq (p-1)!$$

が成り立つ. (2) の 2) と合わせて, すべての p で

$$(p-1)! \leqq \frac{\max_{0 \leqq i \leqq n}\{|a_i|\} \cdot (n+1)e^n}{2} \cdot \{(2n)^{n+1}\}^p$$

$$\therefore \quad 1 \leqq \frac{\max_{0 \leqq i \leqq n}\{|a_i|\} \cdot (n+1)e^n}{2} \cdot \frac{\{(2n)^{n+1}\}^p}{(p-1)!}$$

が成り立つ. いま, $\dfrac{\max_{0 \leqq i \leqq n}\{|a_i|\} \cdot (n+1)e^n}{2}$, $(2n)^{n+1}$ は p によらない定数である.

$$\lim_{p \to \infty} \frac{\{(2n)^{n+1}\}^p}{(p-1)!} = 0$$

であるから, 十分大きい p に対して, 上の式は成り立たない. これで矛盾を導くことができた.

以上から, e は超越数である.

===== 解答おわり =====

なかなか大変ですね!

『e が代数的ならば』という仮定は, (2) の 1) に効いています. 実際は, (*) を代入して消えてしまった部分が残っ

ているため，下からの評価：

$|J| \geqq (p-1)!$

が"嘘"になっています．

では，もう1つやってみましょう．

---

3 超越性判定

$\tan 1°$ は超越数か．

どんな多項式に代入しても0にならないのが超越数．代入して0になる多項式を見つけることができたら，代数的数．どっちでしょう？n倍角の公式を連想できたら…

解答

$n = 1, 2, 3, \cdots\cdots, 89$ に対し，$\tan n°$ は，整数係数の多項式 $f_n(x), g_n(x)$ を用いて，

$$\tan n° = \frac{g_n(\tan 1°)}{f_n(\tan 1°)}$$

と表すことができる．これを示そう．

$n = 1$ のときは

$f_1(x) = 1, \ g_1(x) = x$

とすれば良い．

ある $n \ (< 89)$ で，整数係数の多項式 $f_n(x), g_n(x)$ を用いて，

$$\tan n° = \frac{g_n(\tan 1°)}{f_n(\tan 1°)}$$

と表すことができるならば，加法定理から，

$$\tan(n+1)° = \frac{\tan 1° + \tan n°}{1 - \tan 1° \tan n°}$$

$$= \frac{\tan 1° + \dfrac{g_n(\tan 1°)}{f_n(\tan 1°)}}{1 - \tan 1° \cdot \dfrac{g_n(\tan 1°)}{f_n(\tan 1°)}}$$

$$= \frac{\tan 1° \cdot f_n(\tan 1°) + g_n(\tan 1°)}{f_n(\tan 1°) - \tan 1° \cdot g_n(\tan 1°)}$$

となり，

$$f_{n+1}(x) = f_n(x) - x g_n(x),$$
$$g_{n+1}(x) = x f_n(x) + g_n(x)$$

とおくことにより，$n+1$ でも成り立つ．

数学的帰納法により，示された．

よって，

$$\tan 45° = 1 \iff f_{45}(\tan 1°) - g_{45}(\tan 1°) = 0$$

であるから，$\tan 1°$ は代数的数である．

解答おわり

『$\tan 1°$ は有理数か．』という問題が京都大学の入試問題として出題されていますが，答えは，『$\tan 30°$ が無理数なので，$\tan 1°$ は無理数．』です．

2. 超越数，代数的数と集合の濃度

実は，"実数のうち，ほとんどすべてが無理数で，そのうち，ほとんどすべてが超越数"ということが知られています．その中で，$\tan 1°$ は，$\sqrt{2}$ などのように，代数的な無理数です．代数的数は，その数を解にもつ最低次の代数方程式(最小多項式)の次数により分類されます．例えば，有理数は1次，$\sqrt{2}$ は2次，$\tan 1°$ は高々45次です．

次節では，"集合の濃度"の概念を説明し，"実数のうち，ほとんどすべてが超越数"ということを実感してもらいます．

2.3 集合の濃度って？

前節の最後で触れた"実数のうち，ほとんどすべてが無理数であり，そのうち，ほとんどすべてが超越数"を，正確にとらえていきましょう．そこで必要となる概念が"集合の濃度"です．

> **定義**
> 集合 A, B に対し，A から B への全単射が存在するとき，"A と B は濃度が等しい"といい，"$A \sim B$"と表す．特に，自然数全体の集合 $\mathbb{N}$ と濃度が等しい集合を"加算集合"という．有限集合と加算集合をまとめて"高々加算集合"という．

A が加算集合とは，全単射

$f : \mathbb{N} \to A$

が存在することをいいますが，『数列 $\{a_n\}$ を $a_n = f(n)$ で定義すると，$\{a_n\}$ の中に，A のどの要素もただ一度だけ登場する』ということです（有限集合の場合は，A のどの要素もただ一度だけ登場する有限数列が存在する）．言い換えると，『A のすべての要素に適当な番号を付けることができ，

2. 超越数，代数的数と集合の濃度

順に数えることができる』という意味です．

集合の濃度について，よく知られている事柄を挙げておきます：

(1) 有理数全体の集合 $\mathbb{Q}$ は加算集合である．
(2) 実数全体の集合 $\mathbb{R}$ は非加算集合である．
(3) 無理数全体の集合は $\mathbb{R}$ と濃度が等しい．

⇨注：(1) で，既約分数を分母で分類しておき，「分母 1 のもの」，「分母 2 のもの」，………というように，"加算個の<u>無限集合</u>"の和集合に分けても番号を付けることはできません．"加算"を証明するには，"加算個の<u>有限集合</u>"の和集合に分ければ OK です．

証明

(1) 『正の有理数全体の集合』で考えれば十分である．

なぜなら，どの正の有理数もただ一度だけ登場する数列 $\{a_n\}$ があれば，数列 $\{b_n\}$ を

$b_1 = 0$, $b_{2n} = a_n$, $b_{2n+1} = -a_n$ $(n \geq 1)$

で定めると，どの有理数もただ一度だけ登場する数列になるからである．

『xy 平面の第 1 象限に含まれる格子点全体の集合』で考えれば十分である．なぜなら，第 1 象限のどの格子点もただ一度だけ登場する点列 $\{P_n(p_n, q_n)\}$ に対し，有理数列 $\{c_n\}$ を

$$c_n = \frac{q_n}{p_n}$$

で定めると，どの正の有理数も少なくとも 1 回は登場する数列であり，$\{c_n\}$ において，「番号順に前から見ていって，すでに登場した数があれば消す」という作業を行って，新しい数列 $\{d_n\}$ を作れば，どの正の有理数もただ一度だけ登場する数列になるからである．

以下のように番号を付ける（図参照）：

① 直線 $x+y=2$, $x+y=3$, ……… のどれかに乗るので，切片の小さい方から順に分類する．

② 直線 $x+y=k$ 上では，x 座標が小さい方から順に番号を付けていく．

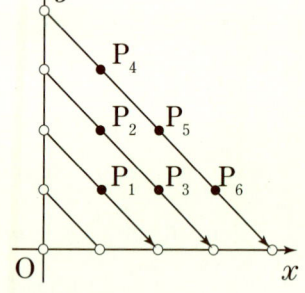

これで，第 1 象限のどの格子点もただ一度だけ登場する点列 $\{P_n\}$ が構成でき，(1) は示された．

2. 超越数，代数的数と集合の濃度

(2) "対角線論法"という技を用いる．

その前に，事実を挙げておく：

> $\mathbb{R}$ の部分集合
> $[a, b] = \{x \in \mathbb{R} \mid a \leq x \leq b\}$,
> $(a, b) = \{x \in \mathbb{R} \mid a < x < b\}$,
> $(a, b] = \{x \in \mathbb{R} \mid a < x \leq b\}$,
> $[a, b) = \{x \in \mathbb{R} \mid a \leq x < b\}$
> は $\mathbb{R}$ と濃度が等しい．例えば，$\tan$ を利用したら，
> $$\left(-\frac{\pi}{2}, \frac{\pi}{2}\right) \sim \mathbb{R}$$
> が分かる．

$(0, 1]$ で考える．『$(0, 1] \sim \mathbb{N}$』つまり，『数列 $\{a_n\}$ に，$(0, 1]$ 内のどの実数もただ一度だけ登場する』と仮定して，矛盾を導く．

このとき，各項を無限小数表記しておく．例えば，

$a_1 = 0.999999 \cdots\cdots$, ←（1とは書きません！）

$a_2 = 0.123123 \cdots\cdots$,

$a_3 = 0.012345 \cdots\cdots$,

$\cdots\cdots$

ということである．一般項を

$a_n = 0.a_{n1}a_{n2}a_{n3}a_{n4}a_{n5}a_{n6}\cdots\cdots$

(a_{ni} は 0 以上 9 以下の整数,

"ある i 以降がすべて 0" ということはない)

と表しておく. この数列に登場しない $(0,1]$ 内の実数 α を構成すれば, 矛盾が起こる.

そこで,

$\alpha = 0.\alpha_1\alpha_2\alpha_3\alpha_4\alpha_5\alpha_6\cdots\cdots$

を, 各 m に対して,

$\alpha_m = 1$ (a_{mm} が偶数のとき)

$\alpha_m = 2$ (a_{mm} が奇数のとき)

で定める (上の例では,

$a_{11} = 9,\ a_{22} = 2,$

$a_{33} = 2,\ \cdots\cdots$

より,

$\alpha = 0.211\cdots\cdots$

$a_1 = 0.\ \boxed{9}99999\cdots\cdots$
$a_2 = 0.1\boxed{2}3123\cdots\cdots$
$a_3 = 0.01\boxed{2}345\cdots\cdots$

となる). すると, $\alpha \in (0,1]$ であるが任意の m に対し, $\alpha_m \neq a_{mm}$ より, $\alpha \neq a_m$ であるから, $\{a_n\}$ に α を表す項は存在しない ($\because$ 無限小数表記は一意的).

よって, $\mathbb{R}$ は非加算である. これで (2) も示せた.

2. 超越数，代数的数と集合の濃度

(3) 『非加算集合から加算集合を取り除いても非加算である』だが，これでは『$\mathbb{R}$ と同じ濃度』の証明としては不十分である．

まず，『A, B ($\subset \mathbb{R}$) が高々加算ならば，$A \cup B$ も高々加算』であることを，以下の□で示す：

A, B が加算無限集合の場合だけ考えれば十分である．A, B のどの要素もただ一度だけ登場する数列をそれぞれ $\{a_n\}$, $\{b_n\}$ とし，数列 $\{c_n\}$ を

$c_{2n-1} = a_n$, $c_{2n} = b_n$

で定める．さらに，「$\{c_n\}$ を前から見ていき，すでに登場した数を消す」という作業によって得られる数列を $\{d_n\}$ とする．すると，これは $A \cup B$ のどの要素もただ一度だけ登場する数列になり，$A \cup B$ は高々加算である．

これから，"有限個の加算集合" の和集合は加算集合であることが分かる．

次に，無理数として例えば e をとる．すると，集合

$A = \{ne | n \in \mathbb{N}\}$ ← (要素はすべて無理数です！)

は加算であり，$A \cup \mathbb{Q}$ も加算なので，合成した全単射

$f : A \cup \mathbb{Q} \to (\mathbb{N} \to) A$

87

が存在する．"A に入らない無理数全体の集合"を X とおくと，全単射

$$g : A \cup \mathbb{Q} \cup X = \mathbb{R} \to A \cup X = \{\text{無理数}\}$$
$$(g_{|A \cup \mathbb{Q}} = f, \ g_{|X} = \mathrm{id})$$

が構成でき，これで (3) も示された．

（証明おわり）

なかなか大変でしたね．

実は，(1)，(3) の "代数的数, 超越数" 版も成り立ちます：

(4)　代数的数全体の集合は加算集合である．

(5)　超越数全体の集合は $\mathbb{R}$ と濃度が等しい．

<u>証明</u>

(4)　代数的数全体の集合を，"加算個の<u>有限</u>集合" の和集合で表すことができれば良い．

　代数的数を，"それを解にもつ最低次の代数方程式 (最小多項式) の次数" で分類することはできるが，これでは，"加算個の<u>無限</u>集合" の和集合なので，不十分である．

そこで，次の指標 D を用いる：

2. 超越数，代数的数と集合の濃度

> 代数的数 α の最小多項式が
>
> $a_n x^n + a_{n-1} x^{n-1} + \cdots\cdots + a_2 x^2 + a_1 x + a_0$
>
> ($a_0, a_1, \cdots\cdots, a_n$ は互いに素な整数, $a_n > 0$)
>
> であるとき,
>
> $D = n + a_n + |a_{n-1}| + \cdots\cdots + |a_2| + |a_1| + |a_0|$
>
> と定める.

$D = 1$ となる代数的数はない.

$D = 2$ のとき, 方程式は

$x = 0$

のみで, 代数的数は 0 のみである.

$D = 3$ のとき, 方程式は

$x^2 = 0, \ x + 1 = 0, \ x - 1 = 0$

で, 代数的数は 1, -1 である.

$D = k$ としたら, $1 \leq n \leq k-1$ であり, 各 n に対し,

$n - k = a_n + |a_{n-1}| + \cdots\cdots + |a_2| + |a_1| + |a_0|$

となる係数の絶対値を決め方は, "$a_0, a_1, \cdots\cdots, a_n$ が互いに素でない"や"$a_n = 0$"を許しても, 高々

$_k C_n$ (通り)

しかない(重複組み合わせ"$k-n$ 個の◯と n 個の仕切

り線│の並べ方"で考えた). 符号の決め方を含めても, n を固定したら, 多項式は高々

$$_k\mathrm{C}_n \cdot 2^n \quad (種類)$$

しかないので, $D=k$ となる代数的数は高々

$$\sum_{n=1}^{k-1} n \cdot {}_k\mathrm{C}_n \cdot 2^n$$
$$= \sum_{n=1}^{k-1} (k-1)_{k-1}\mathrm{C}_{n-1} \cdot 2^n \quad$$
$$< 2(k-1)\sum_{N=0}^{k-1} {}_{k-1}\mathrm{C}_N \cdot 2^N \quad (N=n-1)$$
$$= 2(k-1)(2+1)^{k-1}$$
$$= 2(k-1)3^{k-1} \quad (個)$$

（$N=k-1$ を追加）

（二項定理で計算）

しかない.

代数的数全体の集合を

$$\bigcup_{k=1}^{\infty}(D=k となる代数的数全体の集合)$$

と"加算個の有限集合"の和集合の形で表すことができたので, (4)は証明できた.

(5) (3)の証明において,「無理」を「超越」に,「有理」を「代数的」に変更するだけで良い.

（証明おわり）

これが"実数のうち, ほとんどすべてが無理数で, その

2. 超越数，代数的数と集合の濃度

うち，ほとんどすべてが超越数"という意味です．

実は，本当の"ほとんどすべての"は少し意味合いが違い，『"零集合（簡単に言うと，長さの総和が0の集合)"を除いて』という意味で使われます(加算集合は零集合です)．この言葉が使われる"ルベーグ積分"という分野について，簡単に紹介してみましょう．

例 ディリクレの関数という $\mathbb{R}$ 上の関数があります：

$$f(x) = \begin{cases} 1 & (x \in \mathbb{Q}) \\ 0 & (x \notin \mathbb{Q}) \end{cases}$$

すべての点で不連続な関数で，通常の意味では積分できません．もし積分可能なら，区分求積の公式：

$$\lim_{n \to \infty} \sum_{k=1}^{n} \frac{b-a}{n} \cdot f\left(a + \frac{b-a}{n} \cdot k\right) = \int_{a}^{b} f(x)\,dx$$

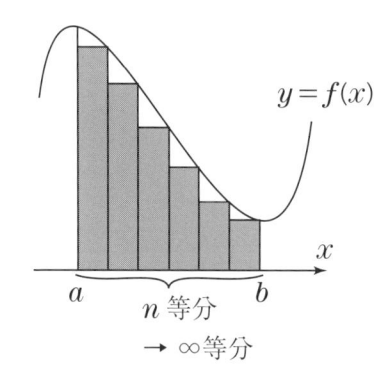

で $(a, b) = (0, 1), (0, e)$ とすると，それぞれ，

$$\int_0^1 f(x)dx = \lim_{n \to \infty} \sum_{k=1}^n \frac{1}{n} \cdot f\left(\frac{k}{n}\right)$$
$$= \lim_{n \to \infty} \sum_{k=1}^n \frac{1}{n} \cdot 1 \quad \left(\because \frac{k}{n} \in \mathbb{Q}\right)$$
$$= 1,$$

$$\int_0^e f(x)dx = \lim_{n \to \infty} \sum_{k=1}^n \frac{e}{n} \cdot f\left(\frac{ek}{n}\right)$$
$$= \lim_{n \to \infty} \sum_{k=1}^n \frac{e}{n} \cdot 0 \quad \left(\because \frac{ek}{n} \notin \mathbb{Q}\right)$$
$$= 0$$

となって，気持ち悪い結果になります．

⇨注：本来は，分割を"等分"に限定せず，"どのような分割法でも∞分割で同じ極限になる"ときに"定積分可能"といいます．区分求積の計算ができるのは，定積分可能なときだけです．

ディリクレの関数では，"有理数ばかりで区切る分割"と"無理数ばかりで区切る分割"で異なる極限になるため，定積分不可能であると分かります．

しかし，$\mathbb{Q}$ は加算集合で，$\mathbb{N}$ と同じように"スカスカの集合"なので，

$$\int_0^1 f(x)dx = 0$$

としたくなりますね．これが"ルベーグ積分"の考え方です．より正確には，"$\mathbb{Q}$ が零集合なので，$f(x)$ はほとんどすべての点で 0" という表現になります．次節で，非加算な零集合の例を挙げる予定です．

ちなみに，$f(x)$ を別の方法で表記して，

$$f(x) = \lim_{m \to \infty}\left\{\lim_{n \to \infty}(\cos(m!\pi x))^n\right\} \quad (m, n \in \mathbb{N})$$

とできます ($\lim$ の順番を逆にしてはなりません！)．

念のために確認しておきましょう：

○ x が有理数のとき，

$$x = \frac{p}{q} \quad (p, q \text{ は互いに素な整数で，} q \text{ は正})$$

とおける．$m \to \infty$ とするから，m を $m > 2q$ となるようにとっても良く，

$m!\pi x = (\text{偶数})\pi$

∴ $\cos(m!\pi x) = 1$

となるので，

$$\lim_{n \to \infty}(\cos(m!\pi x))^n = 1$$

∴ $f(x) = \lim_{m \to \infty} 1 = 1$

である．

● x が無理数のとき,固定した m に対して

$-1 < \cos(m!\pi x) < 1$

∴ $\lim_{n \to \infty}(\cos(m!\pi x))^n = 0$

であるから,

$f(x) = \lim_{m \to \infty} 0 = 0$

である.

(確認おわり)

例 ディリクレの関数の応用で,次の関数 $g(x)$ を考えましょう:

● x が無理数のとき,

$g(x) = 0$

○ x が有理数のとき,

$g(x)$ は『x を "分母が正の既約分数" で $x = \dfrac{p}{q}$ と表すとき,分母 q の逆数 $\dfrac{1}{q}$ 』

すると,この $g(x)$ は

○ x が有理数のとき,不連続

● x が無理数のとき,連続

な関数になります.これを確認しておきましょう:

2. 超越数，代数的数と集合の濃度

○ 有理数 α に対し，数列 $\{a_n\}$ を

$$a_n = \alpha + \frac{\sqrt{2}}{n} \ (n \in \mathbb{N})$$

で定めると，a_n はすべて無理数である．

$\lim_{n \to \infty} a_n = \alpha, \ g(\alpha) \neq 0$,

$\lim_{n \to \infty} g(a_n) = \lim_{n \to \infty} 0 = 0$

となるので，$x = \alpha$ で $g(x)$ は不連続である．

● 無理数 β に対し，任意に小さい正数 ε をとったとき，"区間 $(\beta - \delta, \beta + \delta)$ 内で常に $0 \leq g(x) < \varepsilon$" となるような正数 δ が存在すれば良い．

$\left[\dfrac{1}{\varepsilon}\right]$ (つまり，$\dfrac{1}{\varepsilon}$ の整数部分) より十分大きい整数 q を固定する．開区間 $(\beta - 1, \beta + 1)$ 内で，分母が q より小さい分数は有限個しか存在しないので，それらのうちで，β に最も近いものが存在する．その距離よりも小さく δ をとれば，区間 $(\beta - \delta, \beta + \delta)$ 内の有理数は，すべて分母が q 以上となる．

よって，区間 $(\beta - \delta, \beta + \delta)$ 内で，

$g(x) = 0$ (x が無理数),

$0 < g(x) \leq \dfrac{1}{q} < \varepsilon$ (x が有理数)

より，"区間 $(\beta-\delta, \beta+\delta)$ 内で常に $0 \leq g(x) < \varepsilon$" が成り立つ．ゆえに，$x=\beta$ で $g(x)$ は連続である．

(確認おわり)

"連続性"が，"つながっている"という直感的イメージとは大きく異なることが分かる例ですね．

次節は，2．超越数，代数的数と集合の濃度のまとめとして，"濃度を意識した論証"と"特殊な集合，関数"の例を挙げる予定です．

2．4　集合の濃度を使ってみよう

「有理数，無理数」，「代数的数，超越数」，「加算集合，非加算集合」を用いて論証してみよう．

1　名古屋大学の問題

　n を自然数とする．平面上の $2n$ 個の点を 2 個ずつ組にして n 個の組を作り，組となった 2 点を両端とする n 本の線分を作る．このとき，どのような配置の $2n$ 個の点に対しても，n 本の線分が互いに交わらないような n 個の組を作ることができることを示せ．

まずは，「有限集合には最大の元が存在する」を利用する解法から．

解答 1

組の作り方は，全部で

$$\frac{(2n)!}{2^n\, n!} = (2n-1)!! \quad (\text{通り})$$

しかないので，それらの中で，"線分の長さの和が最小の組"が存在する (1 つとは限らない)．それが題意を満たすことを示す．

上のような組から作った 2 線分で交点をもつものがあれば，それを抜き出すと右のようになる．すると，三角形 ACE，BDE の成立条件から，

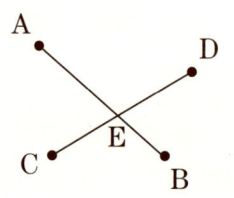

　　AE + CE > AC，BE + DE > BD

∴　AC + BD < AB + CD

となり，長さの和が最小であるという仮定に反する．

　その他の特異なパターン：

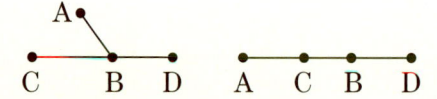

もあるが，いずれも

　　AC + BD < AB + CD

となり，長さの和が最小であるという仮定に反する．

　これで示された．

解答おわり

<u>次は，集合の濃度を応用した論証法です．</u>

解答 2

　2 点を結ぶ線分は有限個しかないから，どの線分とも垂直でない直線が存在する．そんな直線 l を引いて，すべての点が l から見て同じ側に入るようにする．さらに，$2n$ 個

の点を l に正射影すると，l の取り方から，像はすべて異なる点になる．すると，図のように線分を作ると，どれも交わらない．

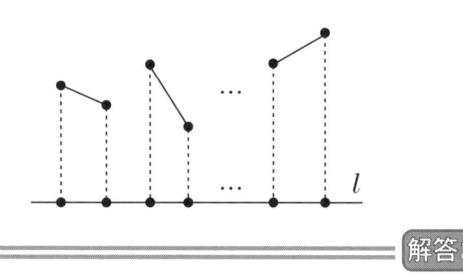

=解答おわり

解答2では，濃度の違いを"l の存在"の論拠としています．l の方向全体の集合は，非加算です．

次はどう論証したら良いでしょうか？

---

2 論証問題

任意の実数 a に対して，平面上の直線 $y = ax + b$ が有理点を通らないような実数 b が存在することを示せ．ただし，x, y 座標がともに有理数である点を有理点という．

<u>まずは，傾きがどんな数かで場合分けしてみます．</u>

解答 1

1) a が有理数のとき,b を適当な無理数にすれば良い.

   なぜなら…,$y=ax+b$ が有理点 (p, q) を通れば,
   $$b=q-ap$$
   となるが,左辺は無理数で,右辺は有理数となり,不合理である.

2) a が代数的な無理数のとき,b を適当な超越数にすれば良い.

   なぜなら…,$y=ax+b$ が有理点 (p, q) を通れば,明らかに $p \neq 0$ であるから,
   $$a=\frac{q-b}{p}$$
   となるが,これを a が解になる代数方程式に代入して整理すると,超越数 b を解にもつ代数方程式が構成されてしまう.これは不合理である.

3) a が超越数のとき,$b=a^2$ とすれば良い.

   なぜなら…,$y=ax+a^2$ が有理点 (p, q) を通れば,
   $$a^2+pa-q=0$$
   で p, q の分母を払うと,超越数 a を解にもつ 2 次代数方程式が構成されてしまい,不合理である.

解答おわり

2. 超越数, 代数的数と集合の濃度

<u>次は, 集合の濃度を応用した論証法です.</u>

解答 2

「ある実数 a に対し, 任意の実数 b で $y = ax + b$ が有理点を通る」と仮定する. すると, 写像

$$f : \mathbb{R} \to \mathbb{Q}^2$$

を

$$f(b) = (y = ax + b \text{ 上の有理点})$$

で定めることができる (下の注を参照).

この写像 f は非加算集合 $\mathbb{R}$ から加算集合 $\mathbb{Q}^2$ への単射であるから, 不合理である. 背理法により, 示された.

解答おわり

⇨注:f の定義において, 複数の有理点がある場合は, 原点に最も近いものとします. それも 2 つある場合は, x 座標が正の方にします. y 軸と平行な直線ではないので, これで一意に定まります.

$\mathbb{Q}^2$ は加算集合で, いわば "スカスカ" です. a を決めたとき, b の分だけ, つまり, 非加算集合 $\mathbb{R}$ という "詰まった" 集合の分だけ直線 $y = ax + b$ があるから, 有理点を通らない直線は非加算無限個存在するはずです.

では、"スカスカ"のイメージを正すため、"スカスカな非加算集合"と"特異な関数"の例を挙げましょう．

➕例 (カントールの3進集合)

$I_0 = [0, 1]$ とします．

I_0 を3等分し，中央の開区間 $\left(\dfrac{1}{3}, \dfrac{2}{3}\right)$ を取り去って，残りを

$$I_1 = \left[0, \dfrac{1}{3}\right] \cup \left[\dfrac{2}{3}, 1\right]$$

とします．

以下，同様に I_n の各パーツ (閉区間) を3等分して，中央の開区間を取り去ることで I_{n+1} を作ります．

この操作を限りなく繰り返して，取り去られずに残る点全体の集合

$$F = I_0 \cap I_1 \cap I_2 \cap \cdots\cdots$$

を"カントールの3進集合"といいます．

この集合について、いくつか考えてみましょう．

まず、I_n の長さの総和の極限として、F の長さの総和は

$$\lim_{n \to \infty} \left(\dfrac{2}{3}\right)^n = 0$$

なので，F は"零集合"です．

次は，少し技巧的です．

3進法で表すとき，

$I_1 = \{[0, 1]$ 内の数で，$0.0a_2a_3a_4\cdots\cdots_{(3)}$

またば $0.2a_2a_3a_4\cdots\cdots_{(3)}$ と表せる数 $\}$,

$I_2 = \{[0, 1]$ 内の数で，$0.00a_2a_3a_4\cdots\cdots_{(3)}$,

$0.02a_2a_3a_4\cdots\cdots_{(3)}$, $0.20a_2a_3a_4\cdots\cdots_{(3)}$,

または $0.22a_2a_3a_4\cdots\cdots_{(3)}$ と表せる数 $\}$,

………

∴ $F = \{[0, 1]$ 内の数で，0，2のみで表せる数 $\}$

となります．例えば，

$$\frac{1}{3} = 0.1000\cdots\cdots_{(3)} = 0.0222\cdots\cdots_{(3)}$$

は F に属します．このような"有限回目の操作で取り去られる開区間の端に登場する数"は有理数です．

一方，極限まで考えて始めて登場する数は無理数です．例えば，

$$\sum_{n=1}^{\infty}\frac{2}{3^{n^2}} = 0.2002000020\cdots\cdots_{(3)}$$

は超越数であることが知られています．

最後に，"F が非加算"であることを確認しましょう：

F から非加算集合 I_0 への写像

$$f : F \to I_0$$

を以下で定義する:

> $a = 0.a_1 a_2 a_3 a_4 \cdots \cdots_{(3)}$
> $= \sum_{i=1}^{\infty} a_i \left(\frac{1}{3}\right)^i$ ($a_i = 0$ または 2)
>
> という形で $a \in F$ を表して,
>
> $f(a) = \sum_{i=1}^{\infty} a_i \left(\frac{1}{2}\right)^i = 0.\dfrac{a_1}{2}\dfrac{a_2}{2}\dfrac{a_3}{2}\dfrac{a_4}{2}\cdots\cdots_{(2)}$
>
> とする.

例えば,

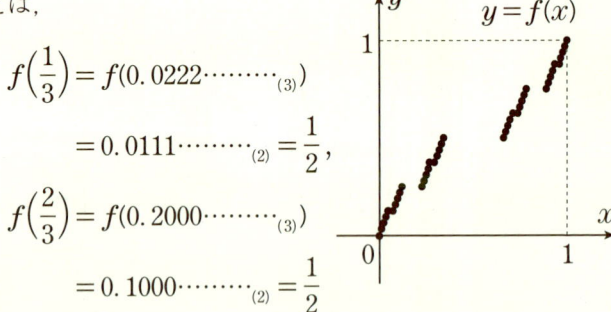

$$f\left(\frac{1}{3}\right) = f(0.0222\cdots\cdots_{(3)})$$
$$= 0.0111\cdots\cdots_{(2)} = \frac{1}{2},$$
$$f\left(\frac{2}{3}\right) = f(0.2000\cdots\cdots_{(3)})$$
$$= 0.1000\cdots\cdots_{(2)} = \frac{1}{2}$$

である.

f は全射だが, $a = 0, 1$ 以外の有理数のときには

$$f(a) = f(b) \ (a \neq b)$$

となる b が存在し, 単射ではない (このような a, b は,

ある I_n から I_{n+1} を作るときに取り去られる開区間の両端になる).

しかし，"F が非加算"であることを示すには，これで十分である．

(確認おわり)

上記の f は，有理数を有理数に移し，無理数を無理数に移します．特に，

$$f\Bigl(\sum_{n=1}^{\infty} \frac{2}{3^{n^2}}\Bigr) = 0.1001000010\cdots\cdots_{(2)} = \sum_{n=1}^{\infty} \frac{1}{2^{n^2}}$$

は超越数になることが分かっています．

F は非加算集合なので，無限個の超越数を含むことは分かりますが，代数的無理数を含むかどうかは不明です(おそらく未解決だと思います)．

F は "スカスカ(零集合)な非加算集合"ということになります．では，f を I_0 に拡張して，"悪魔の階段関数"を定義しましょう．

⊕例(悪魔の階段関数)

写像

$L : I_0 \to I_0$

を以下で定義します：

> ○ $a \in F$ のとき,$L(a) = f(a)$
>
> ○ $a \notin F$ なる a は,ある I_n から I_{n+1} を作るときに取り去られる開区間 (b, c) の内部にあるが,
>
> $$b, c \in F, \ f(b) = f(c)$$
>
> であるから,この値を $L(a)$ とする.

いま,$x \in I_0$ に対し,

$$x = 0.x_1 x_2 x_3 x_4 \cdots\cdots_{(3)},$$
$$1 - x = 0.y_1 y_2 y_3 y_4 \cdots\cdots_{(3)}$$

とすると,

$$x_i + y_i = 2 \ (i = 1, \ 2, \ 3, \ 4, \ \cdots\cdots)$$

$$\therefore \ L(1-x) = 1 - L(x) \quad \cdots\cdots \quad (\%)$$

となります.つまり,$y = L(x)$ のグラフは点 $\left(\dfrac{1}{2}, \dfrac{1}{2}\right)$ に関して対称です.

これから,$y = L(x)$ のグラフの下の部分の面積は $\dfrac{1}{2}$ と考えられます."ルベーグ積分"的には,次ページの図のように長方形を積み上げていきます:

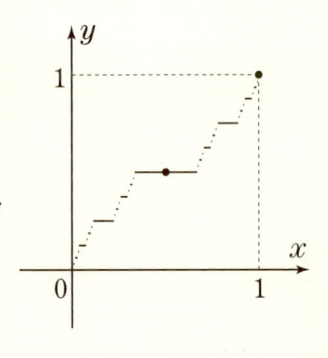

$$L(x) = \sum_{n=0}^{\infty} S_n(x);$$

$$S_0(x) = \begin{cases} 1 & (x = 1) \\ 0 & (\text{otherwise}) \end{cases}$$

$$S_1(x) = \begin{cases} \dfrac{1}{2} & \left(x \in \left[\dfrac{1}{3},\ 1\right)\right) \\ 0 & (\text{otherwise}) \end{cases}$$

$$S_2(x) = \begin{cases} \dfrac{1}{2^2} & \left(x \in \left[\dfrac{1}{3^2},\ \dfrac{1}{3}\right) \cup \left[\dfrac{1}{3^2} + \dfrac{2}{3},\ 1\right)\right) \\ 0 & (\text{otherwise}) \end{cases}$$

………

これにより，面積を

$$\sum_{n=1}^{\infty} \left(\dfrac{1}{2^n} \cdot \dfrac{2}{3^n}\right) \times 2^{n-1}$$
$$= \sum_{n=1}^{\infty} \left(\dfrac{1}{3}\right)^n$$
$$= \dfrac{1}{2}$$

と計算します．

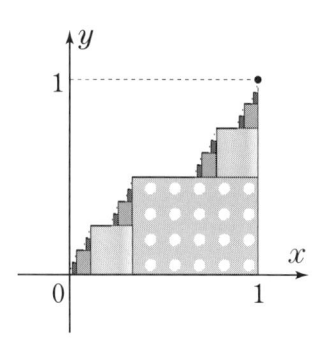

引き続き，関数としての $L(x)$ の性質を調べましょう．

---

① $L(x)$ は I_0 上で連続である．

② $L(x)$ は F 上で微分不可能である．

証明に入る前に，いくつか確認を．

107

○ F の点以外での連続性,微分可能性は明らかである $(L'(x) = 0)$.

○ F の点 $x = a$ については,
  1) a が有理数のとき,a は十分大きい n に対して,I_n のあるパーツ (閉区間) の左端または右端になる.
  2) a が無理数のとき,a は任意の n に対して,I_n の内部の点である.

と分類できます.

1) では,(※) より,『「I_n のある閉区間の左端」のみ考えれば良い』つまり『a を 3 進法により 0, 2 だけで表すと,「ある位以降はすべて 0」として良い』となります.

証明

〜 ① 〜

F の点での連続性を示せば良い.

任意の正数 ε に対し,十分大きい N をとり,

$$\frac{1}{2^N} < \varepsilon$$

とする.このとき,

2. 超越数，代数的数と集合の濃度

$$\delta < \frac{1}{3^N}$$

となる δ をとる.

すると，

『$|x-a|<\delta$, $x \in I_0$

ならば

$|L(x)-L(a)|<\varepsilon$』

が成り立つことが分かる:

1) のときは，図から即座に分かる.

2) のとき，I_N の2つのパーツの距離に注目すると良い．図には描いていない a の左側も同様である.

これで，『$L(x)$ は I_0 上で連続である』が示された.

1) のとき

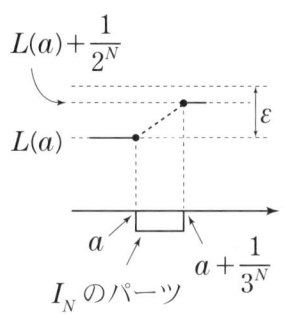

2) のとき

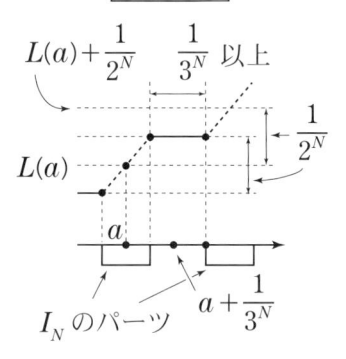

~ ② ~

$a \in F$ で微分不可能であることを示すには，

$$\lim_{h \to 0} \frac{L(a+h)-L(a)}{h}$$

が収束しないことを示せば良い.

109

任意に大きい自然数 N を 1 つ固定する．すると，I_N のあるパーツ (閉区間) が $a \in F$ を

1) 左端の点
2) 内部の点

として含む (その閉区間の長さは $\dfrac{1}{3^N}$ である).

図のように，

$$0 < |b_N - a| < \frac{1}{3^N},$$

$$|L(b_N) - L(a)| > \frac{1}{2^{N+1}}$$

となる点 $(b_N, L(b_N))$ が，色を着けた長方形の周または内部に存在する (ただし，2) で，a が I_{N+1} の右パーツに入っても，対称性から，左下に $(b_N, L(b_N))$ は存在する). このとき，2 点を結ぶ直線の傾きは $\dfrac{1}{2}\left(\dfrac{3}{2}\right)^N$ 以上である．

任意の N で成り立つので，

$$\lim_{N \to \infty} \frac{L(b_N) - L(a)}{b_N - a} = +\infty, \quad \lim_{N \to \infty}(b_N - a) = 0$$

となり,

$$\lim_{h \to 0} \frac{L(a+h)-L(a)}{h}$$

は収束しない.

これで,『$L(x)$ は F 上で微分不可能』が示された.

(証明おわり)

これで「有理数,無理数」,「代数的数,超越数」,「加算,非加算」について考えた第2章は終わりです.

次章では,"カタラン数"とその周辺からの派生事項について考えていきます.

111

3. カタラン数について

3. カタラン数について

　第3章のテーマはカタラン数です．

　算数でも登場するカタラン数について，さまざまなアプローチで調べていきます．

　場合の数，二項係数，漸化式など，色々と登場しますが，極限はあまり出てきません．

3．1　場合の数としてのカタラン数
　カタラン数の漸化式を考え，カタラン数で表される場合の数をいくつか紹介します．

3．2　二項係数としてのカタラン数
　数列としてカタラン数を考え，積分を用いても表記します．合わせて，二項係数が満たす様々な関係式を紹介します．

3．3　母関数で考えるカタラン数
　カタラン数の母関数を与えます．また，ある数列に関しても考察し，その意味を考え，さらに母関数も紹介します．

3.1 場合の数としてのカタラン数

本節では，いくつかの方法で，場合の数としてのカタラン数を定義していきます．

まずは，「経路の個数」から．

n を自然数とします．図のような $2(n+1)$ 本の直線

$x = k, \ y = l$

$(0 \leq k, \ l \leq n)$

からなる格子状の街路があるとします (図は $n = 8$ の場合)．

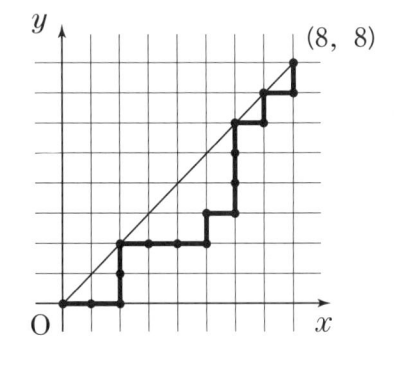

原点 O $(0, 0)$ から点 (n, n) までの最短経路 ($_{2n}C_n$ 通りある) のうち，$y \leq x$ なる部分のみを通るものの個数を C_n とおきます．また，$C_0 = 1$ とします．

この C_n を "カタラン数" と呼びます．

最初のいくつかを具体的に求めてみましょう．そのためには，算数的に数えるのが分かりやすいでしょう．

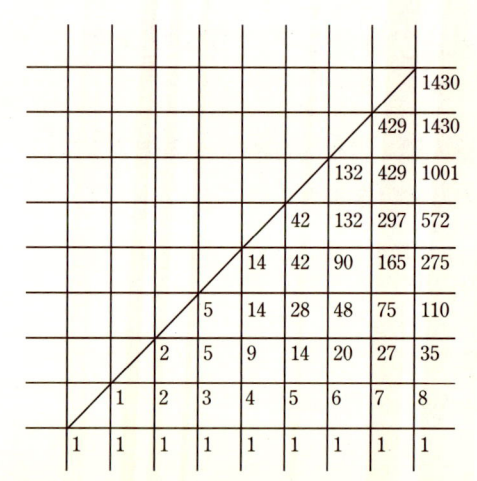

								1430
							429	1430
						132	429	1001
					42	132	297	572
				14	42	90	165	275
			5	14	28	48	75	110
		2	5	9	14	20	27	35
	1	2	3	4	5	6	7	8
1	1	1	1	1	1	1	1	1

図より,

$C_0 = 1$, $C_1 = 1$, $C_2 = 2$, $C_3 = 5$, $C_4 = 14$,

$C_5 = 42$, $C_6 = 132$, $C_7 = 429$, $C_8 = 1430$

です.

これだけでは, 例えば C_{100} などを求めるのは困難ですから, $\{C_n\}$ が満たす漸化式を作ることにします.

C_n 通りの中で, $y = x$ ($1 \leqq x \leqq n-1$) 上の点を通らない経路は,

$(0, 0) \to (1, 0) \to (n, n-1) \to (n, n)$

と分割して,

$1 \cdot C_{n-1} \cdot 1 = C_{n-1} \cdot C_0$ (個)

あります．

また，$y=x$ 上の点を通る経路について考えると，初めて通る $y=x$ 上の点が

(j, j) $(j=1, 2, 3, \cdots\cdots, n-1)$

であるような経路は，

$(0, 0) \to (1, 0) \to (j, j-1)$
$\to (j, j) \to (n, n)$

と分割して，

$1 \cdot C_{j-1} \cdot 1 \cdot C_{n-j} = C_{j-1} \cdot C_{n-j}$ （個）

あります．

よって，

$$C_n = C_0 C_{n-1} + C_1 C_{n-2} + C_2 C_{n-3} + \cdots\cdots + C_{n-1} C_0$$
$$= \sum_{i=0}^{n-1} C_i C_{n-1-i} \quad \cdots\cdots \quad (*)$$

が成り立つことが分かります．

複雑な漸化式ですね．

$(*)$ から一般項 C_n を求める作業は次節にまわし，本節では，組み合わせ的に一般項を求めることにします．

まず，

$C_n = {}_{2n}\mathrm{C}_n - {}_{2n}\mathrm{C}_{n-1} \quad \cdots\cdots \quad (\#)$

を確認します：

$(0, 0)$ から (n, n) までの最短経路は全部で $_{2n}C_n$ 個あるので，$y > x$ の部分を通る経路が全部で $_{2n}C_{n-1}$ 個あることを示せば十分である．

そのような経路は，必ず $y = x + 1$ 上の格子点を通る．その格子点のうちで x 座標が最小の点で経路を切り，その点から (n, n) までの部分を $y = x + 1$ について対称に折り返す．すると，得られた経路の終点は，$(n-1, n+1)$ になる．

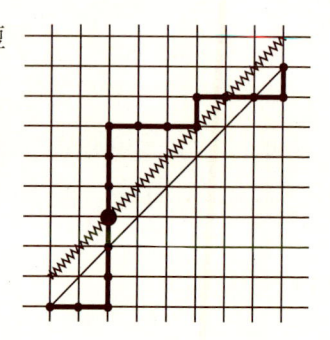

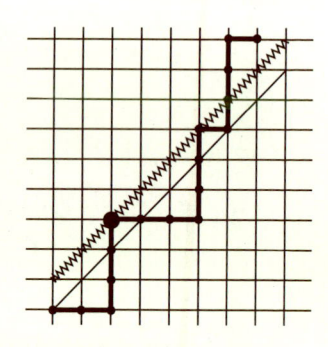

逆に，$(0, 0)$ から上記終点 $(n-1, n+1)$ までの最短経路は，必ず $y = x + 1$ 上の格子点を通る．そのうちで x 座標が最小の点で経路を切り，その点から終点 $(n-1, n+1)$ までの部分を $y = x + 1$ について対称に折り返す．すると，終点は (n, n) になり，しかも，$y > x$ の部分を通る．

これにより，$\{y > x$ の部分を通る経路$\}$ と $\{(0, 0)$ から $(n-1, n+1)$ までの最短経路$\}$ の間の $1:1$ の対応が得ら

れ，個数は $_{2n}\mathrm{C}_{n-1}$ 個で一致する．よって，

$$C_n = {}_{2n}\mathrm{C}_n - {}_{2n}\mathrm{C}_{n-1} \quad \cdots\cdots\cdots \quad (\#)$$

が示された．

(確認おわり)

これにより，

$$C_n = {}_{2n}\mathrm{C}_n - {}_{2n}\mathrm{C}_{n-1} = \frac{(2n)!}{n!\,n!} - \frac{(2n)!}{(n-1)!(n+1)!}$$
$$= \frac{(2n)!}{n!\,n!}\left(1 - \frac{n}{n+1}\right) = \frac{(2n)!}{n!\,n!} \cdot \frac{1}{n+1}$$
$$= \frac{{}_{2n}\mathrm{C}_n}{n+1}$$

なので，一般項は，

$$C_n = \frac{{}_{2n}\mathrm{C}_n}{n+1} \quad \cdots\cdots\cdots \quad (\$)$$

となります．

先ほどの漸化式 (*) からは，なかなかこの一般項は出てきません．

ここでは，"経路の個数" としてカタラン数を定義しましたが，他にもカタラン数で表すことができる場合の数があります．それらを紹介していきましょう．

<三角形分割数>

凸 m 角形 T_m $(m \geq 4)$ を互いに交わらない $m-3$ 本の対角線によって $m-2$ 個の三角形に分ける方法の個数を D_m とおきます。ただし、$D_2 = D_3 = 1$ とします。

例えば、
$$D_4 = 2, \quad D_5 = 5$$
です。一般に、
$$D_m = C_{m-2}$$
であることを確認しましょう：

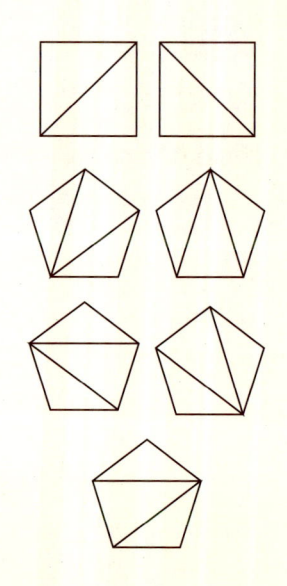

T_m の頂点を時計まわりに A_1, A_2, A_3, ………, A_m と名付ける。A_1 から時計まわりに見ていったときに初めて A_1 と対角線で結ばれる点が A_j であれば、図のように、A_2 と A_j が結ばれなければ三角形分割にはならない ($j = 3, 4,$ ………, $m-1$)。

$j \geq 4$ のとき、図のように、$j-1$ 角形と $m-j+2$ 角形と三角形に分かれるから、このような分割法は
$$D_{j-1} \cdot D_{m-j+2} \quad (個)$$
ある ($j = 3$ でも成り立つ)。

3. カタラン数について

A_1 がどの頂点とも対角線で結ばれない分割では，A_2 と A_m が必ず結ばれるので，そのようなものは，

$$D_{m-1} = D_{m-1} \cdot D_2 \quad (個)$$

ある．

よって，

$$D_m = D_2 D_{m-1} + D_3 D_{m-2} + D_4 D_{m-3} + \cdots\cdots + D_{m-1} D_2$$
$$= \sum_{i=2}^{m-1} D_i D_{m+1-i}$$

が成り立つ．

$$D_2 = C_0,\ D_3 = C_1$$

であり，漸化式が一致するから，任意の m ($m \geq 2$) で

$$D_m = C_{m-2}$$

が成り立つ．

(確認おわり)

実は，三角形分割の個数と考えても，これからカタラン数の一般項を求めることができます．その流れを確認してみましょう：

121

対角線 A_1A_j を含む分割は,j 角形と $m-j+2$ 角形に分けてそれぞれを分割すれば良いので,

$$D_j \cdot D_{m+2-j} \quad (個)$$

ある ($j=3,\ 4,\ 5,\ \cdots\cdots,\ m-1$).

よって,すべての分割の中で,A_1 を端点にもつ対角線は,のべ

$$D_3D_{m-1} + D_4D_{m-2} + D_5D_{m-3} + \\ \cdots\cdots + D_{m-1}D_3 \\ = \sum_{j=3}^{m-1} D_j D_{m+2-j}$$

回だけ登場する.これを各頂点で考えると,1つの分割法がそれぞれ $2(m-3)$ 回カウントされるので,

$$2(m-3)D_m = m\sum_{j=3}^{m-1} D_j D_{m+2-j}$$

が成り立つ.

$m \geq 4$ のとき,

$$\begin{aligned}
& 2(m-3)D_m \\
&= m\sum_{j=3}^{m-1} D_j D_{m+2-j} \\
&= m\left(\sum_{j=2}^{m} D_j D_{m+2-j} - 2D_2 D_m\right) \\
&= m\left(D_{m+1} - 2D_m\right)
\end{aligned}$$

$$\therefore \quad D_{m+1} = \frac{2(2m-3)}{m} D_m$$

となるが,

3．カタラン数について

$D_2 = 1$, $D_3 = 1$, $D_4 = 2$

なので，これは $m = 2, 3$ でも成り立つ．

よって，$\{C_n\}$ について，

$$C_0 = 1, \ C_{n+1} = \frac{2(2n+1)}{n+2} C_n$$
$$(n = 0, 1, 2, \cdots\cdots)$$

が成り立つので，任意の自然数 n に対して

$$\begin{aligned}
C_n &= C_0 \prod_{k=0}^{n-1} \frac{2(2k+1)}{k+2} \\
&= \frac{2(2n-1)}{n+1} \cdot \frac{2(2n-3)}{n} \cdots\cdots \frac{2}{2} \cdot 1 \\
&= \frac{2^n (2n-1)(2n-3)\cdots\cdots 3 \cdot 1}{(n+1)!} \\
&= \frac{(2n)!}{(n+1)! \, n!} \\
&= \frac{{}_{2n}\mathrm{C}_n}{n+1}
\end{aligned}$$

である（${}_0\mathrm{C}_0 = 1$ としたら $n = 0$ でも成り立つ）．

(確認おわり)

先ほどは，漸化式が一致するから

　　"n 角形の三角形分割数"

　　= "$(n-2)$ 番目のカタラン数"

を導きました．実は，これを直接見ることも出来ます．

そのためには，

"括弧付け数","トーナメント数"

が必要です.順にみていきましょう.

<括弧付け数>

実は,n 個の数 a_1, a_2, a_3, ………, a_n の積

$a_1 a_2 a_3 ……… a_n$

の計算順序の決め方は,C_{n-1} 通りあります.

例えば,$n=4$ のとき,

$((a_1 a_2)a_3)a_4$, $(a_1 a_2)(a_3 a_4)$, $a_1(a_2(a_3 a_4))$,

$a_1((a_2 a_3)a_4)$, $(a_1(a_2 a_3))a_4$

より,計算順序の決め方は 5 通りで,確かに $C_3 (= D_5)$ と一致しています.

実は,これは"三角形分割数 D_5"と直接結びつきます.それを確認してみます:

五角形の辺を図のように名付け,「対になる "(" と ")" を繋ぐ対角線を引く」というルールで五角形の三角形分割を作る.すべてを列挙すると,次の図のようになる.

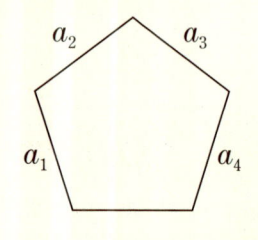

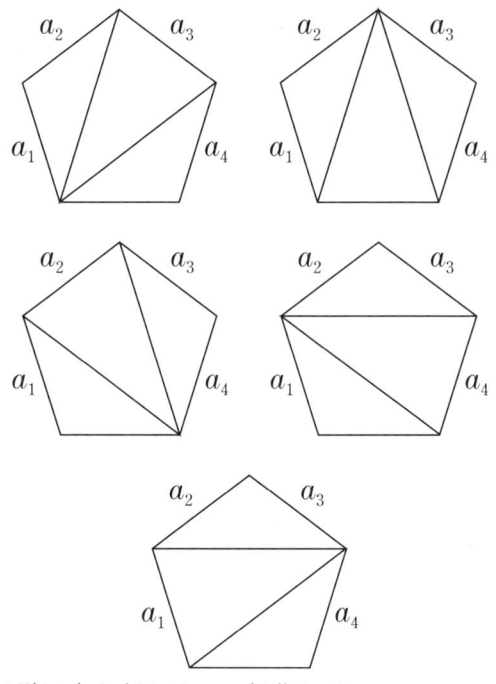

これは逆にもたどれる．一般化して，

"n 個の括弧付け数"

="$(n+1)$ 角形の三角形分割数"

となることが分かる．

(確認おわり)

では，もう1つ．新しい場合の数へ．

<トーナメント数>

4チーム用のトーナメントを作ると,

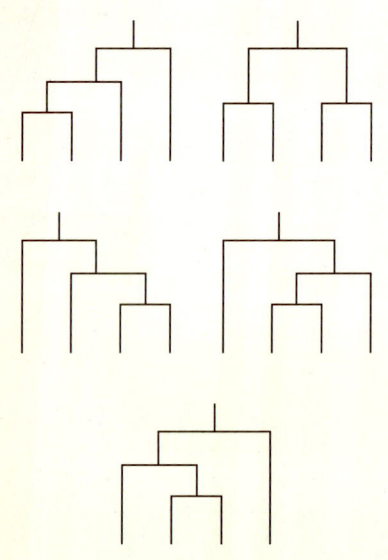

の5通りで"4個の括弧付け数"と一致します. これも, 偶然ではなく, ちゃんと確認可能です.:

上のトーナメントが, 順に

$((a_1 a_2) a_3) a_4$, $(a_1 a_2)(a_3 a_4)$, $a_1 (a_2 (a_3 a_4))$,

$a_1 ((a_2 a_3) a_4)$, $(a_1 (a_2 a_3)) a_4$

と対応付くことはすぐに分かる.

もちろん, 逆にもたどれる. 一般化して,

3. カタラン数について

　　"n 個の括弧付け数"

　　＝"n チーム用のトーナメント数"

である．

(確認おわり)

いかがでしょう？

色んな場合の数がカタラン数になっています．

　　(三角) = (括弧) = (トーナメント)

ときたので，最後に，"トーナメント数" と "カタラン数" の関係を調べましょう．

カタラン数 $C_3 = 5$ は $(0, 0) \to (3, 3)$ の経路の個数です．各経路とトーナメントを対応付けてみましょう：

4チーム用のトーナメントの6本の縦線に，図のように番号を付ける (つまり，頂上から下に向かって左優先で見ていく)．そして，"縦線がすぐ上の分岐点から見て左か，右か" を調べる．この番号をもとに，各トーナメントと移動方法を対応させる．

経路を定める6歩の移動 ($\to$ か $\uparrow$) において，対応する番号の縦線が直前分岐点の「左なら $\to$」，「右なら $\uparrow$」というルールで対応付ける (次図参照)．

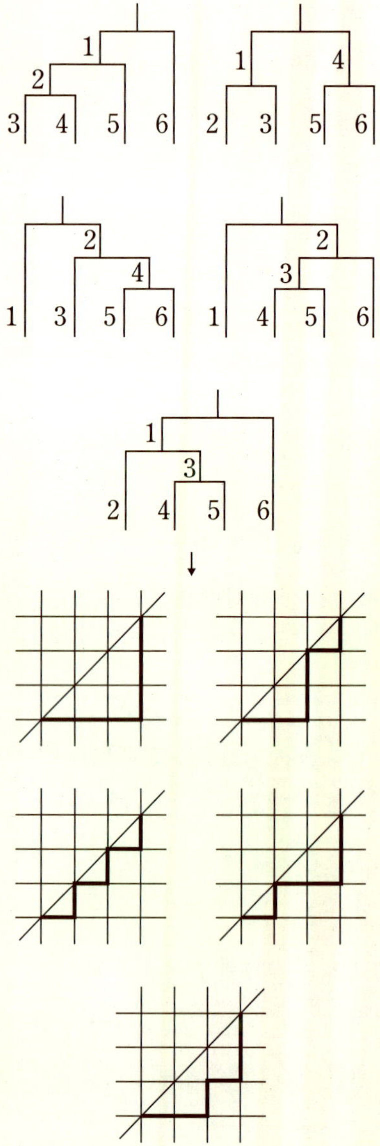
1 2 3 4 5 6
1 4 2 3 5 6
2 4 1 3 5 6
2 3 1 4 5 6
1 3 2 4 5 6

3. カタラン数について

これで,

　　"n チーム用のトーナメント数"

　　="$(n-1)$ 番目のカタラン数"

が分かる.

　　　　　　　　　　　　　　　　　（確認おわり）

以上のようにして,

　　"n 角形の三角形分割数"

　　="$(n-2)$ 番目のカタラン数"

となることが分かりました.

　対応を見つける,というのは大事な発想です.

　場合の数としてのカタラン数はこれくらいにして,次節では,数列としてカタラン数を扱います.

3．2　二項係数としてのカタラン数数

前節では，カタラン数 $\{C_n\}$ を場合の数として考えました：

図のような碁盤の目状街路での $O(0, 0)$ から点 (n, n) までの最短経路のうち，$y \leqq x$ なる部分のみを通るものの個数を C_n とおきます．ただし，$C_0 = 1$ とします．

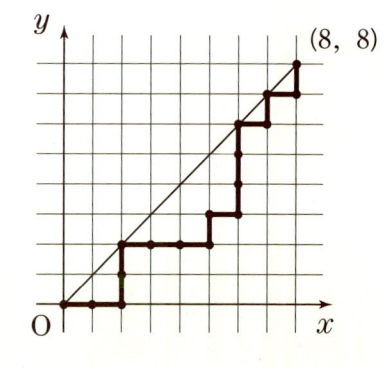

この C_n を"カタラン数"と呼ぶのでした．

これらが漸化式

$$C_0 = 1,$$

$$\begin{aligned} C_n &= C_0 C_{n-1} + C_1 C_{n-2} + C_2 C_{n-3} + \\ &\quad \cdots\cdots + C_{n-1} C_0 \\ &= \sum_{i=0}^{n-1} C_i C_{n-1-i} \quad \cdots\cdots \quad (*) \end{aligned}$$

を満たし，また，一般項が

$$C_n = {}_{2n}C_n - {}_{2n}C_{n-1} \quad \cdots\cdots \quad (\#)$$

$$C_n = \frac{{}_{2n}C_n}{n+1} \quad \cdots\cdots \quad (\$)$$

となることを確認しました．

3. カタラン数について

　本節では，(*) から直接 ($) を導き，さらにカタラン数の積分表示も考えます．さらに，少し話を広げて，二項係数の関係式をいくつか作成します．

　まず，(*) を解くために，
$$a_n = \frac{C_n}{2^{2n+1}},\ S_n = \sum_{i=0}^{n} a_i$$
とおき，少しややこしいですが，
$$2S_n = 1 + \sum_{i=0}^{n-1} a_i S_{n-1-i} \quad \cdots\cdots\ \text{①}$$
$$S_{n-1} = 1 - 2(n+1)a_n \quad \cdots\cdots\ \text{②}$$
を確認していきます：

　まず，① を示す．
　(*) から $\{a_n\}$ の漸化式を作ると，
$$a_0 = \frac{C_0}{2} = \frac{1}{2},$$
$$C_n = \sum_{i=0}^{n-1} C_i C_{n-1-i}$$
$$\iff 2^{2n+1} a_n = \sum_{i=0}^{n-1} 2^{2i+1} a_i \cdot 2^{2n-2i-1} a_{n-1-i}$$
$$\therefore\ 2a_n = \sum_{i=0}^{n-1} a_i a_{n-1-i}\ (n \geq 1)$$
となるので，

$$2S_n$$
$$= 2a_0 + \sum_{k=1}^{n}\left(\sum_{i=0}^{k-1} a_i a_{k-1-i}\right)$$
$$= 1$$
$$+ (a_0 a_0)$$
$$+ (a_0 a_1 + a_1 a_0)$$
$$+ (a_0 a_2 + a_1 a_1 + a_2 a_0)$$
$$+ \cdots\cdots$$
$$+ (a_0 a_{n-1} + a_1 a_{n-2} + \cdots\cdots + a_{n-1} a_0)$$
$$= 1 + a_0(a_0 + a_1 + \cdots\cdots + a_{n-1})$$
$$\quad + a_1(a_0 + a_1 + \cdots\cdots + a_{n-2})$$
$$\quad + \cdots\cdots$$
$$\quad + a_{n-1}(a_0)$$
$$= 1 + a_0 S_{n-1} + a_1 S_{n-2} + \cdots\cdots + a_{n-1} S_0$$
$$= 1 + \sum_{i=0}^{n-1} a_i S_{n-1-i} \quad \cdots\cdots \quad ①$$

を得る ($n = 1, 2, 3, \cdots\cdots$).

次に，② が成り立つことを数学的帰納法で示す．

$n = 1$ のとき，

$$a_0 = \frac{C_0}{2} = \frac{1}{2},\ a_1 = \frac{C_1}{2^3} = \frac{1}{8}$$

$$\therefore \quad S_0 = \frac{1}{2} = 1 - 2(1+1)a_1$$

より，成り立つ．

$n = 1, 2, 3, \cdots\cdots, k$ で

$$S_{n-1} = 1 - 2(n+1)a_n$$

が成り立てば，

$$S_k = \frac{1}{2}\Big(1 + \sum_{i=0}^{k-1} a_i S_{k-1-i}\Big) \quad (\because ①)$$
$$= \frac{1}{2} + \frac{1}{2}\sum_{i=0}^{k-1} a_i \{1 - 2(k-i+1)a_{k-i}\}$$
$$= \frac{1}{2} + \frac{1}{2}\sum_{i=0}^{k-1} a_i - \sum_{i=0}^{k-1}(k-i+1)a_i a_{k-i}$$
$$= \frac{1}{2} + \frac{1}{2}S_{k-1}$$
$$\quad - \{(k+1)a_0 a_k + k a_1 a_{k-1} + (k-1)a_2 a_{k-2}$$
$$\quad + \cdots\cdots$$
$$\qquad\qquad + 3a_{k-2}a_2 + 2a_{k-1}a_1\}$$
$$= \frac{1}{2} + \frac{1}{2}S_{k-1} - \Big(\frac{k+2}{2}\sum_{i=0}^{k} a_i a_{k-i} - a_0 a_k\Big)$$
$$= \frac{1}{2} + \frac{1}{2}S_k - \frac{k+2}{2}\cdot 2a_{k+1}$$
$$\therefore\ S_k = 1 - 2(k+2)a_{k+1}$$

より, $n = k+1$ でも成り立つ.

数学的帰納法により ② は示された.

(確認おわり)

なかなか大変ですが, 一般項に到達するには, まだまだこれからです. 最後に, ② を用いれば, 一般項の式 (\$) を示すことができるので, 確認していきましょう:

$n \geqq 1$ のとき,

$$\begin{aligned} S_n &= 1 - 2(n+2)a_{n+1} \\ -) \ S_{n-1} &= 1 - 2(n+1)a_n \\ \hline a_n &= 2(n+1)a_n - 2(n+2)a_{2n+1} \end{aligned}$$

であるが, これは, $n=0$ でも成り立っている.

よって, $n \geqq 1$ に対して

$$a_n = a_0 \prod_{k=0}^{n-1} \frac{2k+1}{2k+4}$$

$$= \frac{(2n-1)!!}{(2n+2)!!}$$

$$\therefore \quad C_n = 2^{2n+1} \cdot \frac{(2n-1)!!}{(2n+2)!!}$$

$$= 2^{n+1} \frac{(2n)!!(2n-1)!!}{n!(2n+2)!!}$$

$$= \frac{(2n)!}{n!(n+1)!}$$

$$= \frac{{}_{2n}\mathrm{C}_n}{n+1} \quad \cdots\cdots\cdots \quad (\$)$$

である ("!!" は 1 つおきの積で, 奇数ばかりの積や偶数ばかりの積を表している).

（確認おわり）

漸化式のみから数列としてカタラン数を考えるのは少し大変でした.

3．カタラン数について

次は，積分表示です．

$$C_n = \frac{2^{2n+2}}{\pi} \int_0^1 x^{2n} \sqrt{1-x^2}\, dx \quad \cdots\cdots\cdots \quad (\%)$$

突然，こんな式を書かれても，困惑してしまいますね．頑張って式変形すると，(%)を確認できます．では，やってみましょう：

(%)の右辺で，$x = \sin\theta$ と置換すると，$dx = \cos\theta d\theta$ より，

$$\frac{2^{2n+2}}{\pi} \int_0^1 x^{2n} \sqrt{1-x^2}\, dx$$
$$= \frac{2^{2n+2}}{\pi} \int_0^{\frac{\pi}{2}} (\sin\theta)^{2n} \sqrt{1-\sin^2\theta}\cos\theta\, d\theta$$
$$= \frac{2^{2n+2}}{\pi} (I_{2n} - I_{2n+2})$$
$$= \frac{2^{2n+2}}{\pi} \cdot \frac{1}{2n+2} I_{2n} = \frac{{}_{2n}\mathrm{C}_n}{n+1}$$
$$= C_n$$

となる．ただし，

$$I_0 = \int_0^{\frac{\pi}{2}} d\theta = \frac{\pi}{2},\ I_{2n} = \int_0^{\frac{\pi}{2}} (\sin\theta)^{2n}\, d\theta$$

である．

これは，漸化式

$$I_{2n+2}$$
$$=\int_0^{\frac{\pi}{2}} (\sin\theta)^{2n+2} d\theta$$
$$=\int_0^{\frac{\pi}{2}} (\sin\theta)^{2n+1} (-\cos\theta)' d\theta$$
$$=\left[(\sin\theta)^{2n+1}(-\cos\theta)\right]_0^{\frac{\pi}{2}}$$
$$\quad -(2n+1)\int_0^{\frac{\pi}{2}} (\sin\theta)^{2n}(\cos\theta)(-\cos\theta)d\theta$$
$$=(2n+1)\int_0^{\frac{\pi}{2}} (\sin\theta)^{2n}(1-\sin^2\theta)d\theta$$
$$=(2n+1)(I_{2n}-I_{2n+2})$$
$$\therefore \quad I_{2n+2}=\frac{2n+1}{2n+2}I_{2n}$$

を満たし,一般項は

$$I_{2n}=I_0 \times \prod_{k=0}^{n-1}\frac{2k+1}{2k+2}=\frac{(2n-1)!!}{(2n)!!}\cdot\frac{\pi}{2}$$
$$=\frac{(2n)!}{(2n)!!(2n)!!}\cdot\frac{\pi}{2}=\frac{(2n)!}{2^{2n}n!n!}\cdot\frac{\pi}{2}$$
$$=\frac{{}_{2n}\mathrm{C}_n}{2^{2n+1}}\pi$$

である.

(確認おわり)

実は,$I_{2n}=\int_0^1 \frac{x^{2n}}{\sqrt{1-x^2}}dx$ です.(%)をこの形で与えても良かったのですが,この形では被積分関数の定義域が

3. カタラン数について

$-1 < x < 1$ となり，広義積分になっています．結果として収束するから，間違ってはいないですが，高校範囲ではなくなってしまいます．

さて，計算過程と (#) を合わせると，
$$2^{2n+1}\left(\frac{(2n-1)!!}{(2n)!!} - \frac{(2n+1)!!}{(2n+2)!!}\right) = {}_{2n}C_n - {}_{2n}C_{n-1}$$
が成り立つことが分かります．

2つの差の分け方は，全く異なるものですが，差を計算した値は同じになります．その様子は，"パスカルの三角形"から見えてきます：

$$\begin{aligned}
&2^{2n+1}\left(\frac{(2n-1)!!}{(2n)!!} - \frac{(2n+1)!!}{(2n+2)!!}\right) \\
&= 2 \cdot \frac{(2n)!!(2n-1)!!}{n!\,n!} - \frac{1}{2} \cdot \frac{(2n+2)!!(2n+1)!!}{(n+1)!(n+1)!} \\
&= 2\,{}_{2n}C_n - \frac{1}{2}\,{}_{2n+2}C_{n+1} \\
&= 2\,{}_{2n}C_n - \frac{1}{2} \cdot 2\,{}_{2n+1}C_n \\
&\quad \begin{pmatrix} \because & {}_{2n+2}C_{n+1} = {}_{2n+1}C_n + {}_{2n+1}C_{n+1}, \\ & {}_{2n+1}C_n = {}_{2n+1}C_{n+1} \end{pmatrix} \\
&= 2\,{}_{2n}C_n - ({}_{2n}C_n + {}_{2n}C_{n-1}) \\
&= {}_{2n}C_n - {}_{2n}C_{n-1}
\end{aligned}$$

```
  ┌─────────┐ ┌─────┐ ┌─────────┐
  │₂ₙC_{n-1}│ │₂ₙC_n│ │₂ₙC_{n+1}│
  └─────────┘ └─────┘ └─────────┘
      ┌──────────┐ ┌──────────┐
      │₂ₙ₊₁C_n   │ │₂ₙ₊₁C_{n+1}│
      └──────────┘ └──────────┘
             ┌──────────────┐
             │₂ₙ₊₂C_{n+1}   │
             └──────────────┘
```

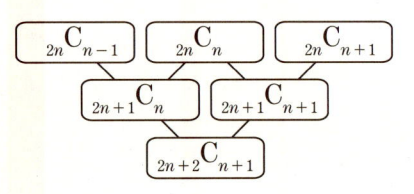

ここで用いたのは,

$$_{n+1}C_k = {}_nC_{k-1} + {}_nC_k \quad (1 \leq k \leq n)$$

です. 意味を場合の数で考えると, 次のようになります:

『$n+1$ 人から k 人を選ぶ ($_{n+1}C_k$) とき, 特定の 1 人が入る ($_nC_{k-1}$) か, 入らないか ($_nC_k$) で場合分けする.』

二項係数については, 他にも, 関係式:

$$k\,{}_nC_k = n\,{}_{n-1}C_{k-1}$$

が成り立ちますが, これは以下のように考えられます (もちろん, 式で示すこともできます):

『n 人の生徒から k 人の委員を選び, そのうち 1 人を委員長にするとき,

「先に k 人を選び, そこから委員長を選ぶ」
= 「先に委員長を選び, 残りの委員を選ぶ」

∴ $k\,{}_nC_k = n\,{}_{n-1}C_{k-1}$

である.』

3．カタラン数について

これらは二項定理を利用して示すこともできます：

- $\dfrac{d}{dx}(x+1)^n = \dfrac{d}{dx}\sum\limits_{k=0}^{n} {}_n\mathrm{C}_k x^k$

$\Leftrightarrow n(x+1)^{n-1} = \sum\limits_{k=1}^{n} k\,{}_n\mathrm{C}_k x^{k-1}$

$\Leftrightarrow n\sum\limits_{k=1}^{n} {}_{n-1}\mathrm{C}_{k-1} x^{k-1} = \sum\limits_{k=1}^{n} k\,{}_n\mathrm{C}_k x^{k-1}$

$\therefore n\,{}_{n-1}\mathrm{C}_{k-1} = k\,{}_n\mathrm{C}_k$
$(k=1, 2, 3, \cdots\cdots, n)$

- $(x+1)^{n+1} = (x+1)(x+1)^n$

$\Leftrightarrow \sum\limits_{k=0}^{n+1} {}_{n+1}\mathrm{C}_k x^k = \sum\limits_{k=0}^{n} {}_n\mathrm{C}_k x^k + \sum\limits_{k=0}^{n} {}_n\mathrm{C}_k x^{k+1}$

$\qquad = 1 + \sum\limits_{k=1}^{n}({}_n\mathrm{C}_k + {}_n\mathrm{C}_{k-1})x^k + x^{n+1}$

$\therefore {}_{n+1}\mathrm{C}_k = {}_n\mathrm{C}_k + {}_n\mathrm{C}_{k-1}$
$(k=1, 2, 3, \cdots\cdots, n)$

このように，二項係数には様々な関係があります．他にもいくつか紹介してみましょう．

✚例 ($) を (*) に代入して，

$$\dfrac{{}_{2n}\mathrm{C}_n}{n+1} = \dfrac{{}_0\mathrm{C}_0}{1}\cdot\dfrac{{}_{2n-2}\mathrm{C}_{n-1}}{n} + \dfrac{{}_2\mathrm{C}_1}{2}\cdot\dfrac{{}_{2n-4}\mathrm{C}_{n-2}}{n-1} +$$
$$\cdots\cdots + \dfrac{{}_{2n-2}\mathrm{C}_{n-1}}{n}\cdot\dfrac{{}_0\mathrm{C}_0}{1}$$
$$= \sum\limits_{i=0}^{n-1} \dfrac{{}_{2i}\mathrm{C}_i}{i+1}\cdot\dfrac{{}_{2n-2-2i}\mathrm{C}_{n-1-i}}{n-i}$$

を得ます．

例 a, b を自然数とすると,

① $_{a+b}C_c = \sum_{k=0}^{c} {_aC_k} \cdot {_bC_{c-k}}$
$= {_aC_0} \cdot {_bC_c} + {_aC_1} \cdot {_bC_{c-1}} +$
$\cdots\cdots + {_aC_c} \cdot {_bC_0}$
$(0 \leqq c \leqq \min\{a, b\})$

② $_{a+b}C_a = \sum_{k=r}^{r+b} {_{k-1}C_{r-1}} \cdot {_{a+b-k}C_{a-r}}$
$= {_{r-1}C_{r-1}} \cdot {_{a+b-r}C_{a-r}} + {_rC_{r-1}} \cdot {_{a+b-r-1}C_{a-r}} +$
$\cdots\cdots + {_{r+b-1}C_{r-1}} \cdot {_{a+r}C_{a-r}}$
$(1 \leqq r \leqq a)$

が成り立ちます. 以下で確認しましょう：

① a 人の組 A と b 人の組 B から合計 c 人を選ぶとき, 選び方の総数は

$_{a+b}C_c$ （通り）

である. このうち, A から k 人, B から $c-k$ 人を選ぶようなものが

$_aC_k \cdot {_bC_{c-k}}$ （通り）

ある $(0 \leqq k \leqq c)$. これらを加えて ① を得る.

② 1 から $a+b$ までの $a+b$ 個の自然数から a 個を選ぶとき, 選び方の総数は

$_{a+b}C_a$ （通り）

である．このうち，小さい方から r 番目の数が k である
ようなものが

$$_{k-1}\mathrm{C}_{r-1} \cdot {}_{a+b-k}\mathrm{C}_{a-r} \quad (\text{通り})$$

ある $(r \leq k \leq r+b)$．これらを加えて ② を得る．

（確認おわり）

場合の数で確認できると，分かりやすいですね．

次は，計算で確認したり，場合の数で確認したり，図で確認したり，色々とやってみましょう．

例 $1 \leq k \leq n$ を満たす自然数 n，k に対して，

$$\begin{aligned}
{}_n\mathrm{C}_k &= \sum_{m=k-1}^{n-1} {}_m\mathrm{C}_{k-1} \\
&= {}_{k-1}\mathrm{C}_{k-1} + {}_k\mathrm{C}_{k-1} + {}_{k+1}\mathrm{C}_{k-1} \cdots\cdots + {}_{n-1}\mathrm{C}_{k-1}
\end{aligned}$$

が成り立ちます．以下で確認しよう：

＜二項定理で確認＞

$(1+a)^n - a^n$ を 2 通りで計算すると，

$$\begin{aligned}
&(1+a)^n - a^n \\
&= \sum_{k=0}^{n} {}_n\mathrm{C}_k a^{n-k} - a^n \\
&= \sum_{k=1}^{n} {}_n\mathrm{C}_k a^{n-k},
\end{aligned}$$

$$(1+a)^n - a^n$$
$$= \{(1+a)-a\}\sum_{i=0}^{n-1}(1+a)^i a^{n-1-i}$$
$$= \sum_{i=0}^{n-1}\Big(\sum_{j=0}^{i}{}_i\mathrm{C}_j a^{i-j}\Big)a^{n-1-i}$$
$$= \sum_{i=0}^{n-1}\Big(\sum_{j=0}^{i}{}_i\mathrm{C}_j a^{n-j-1}\Big)$$
$$= ({}_0\mathrm{C}_0 a^{n-1})$$
$$+ ({}_1\mathrm{C}_0 a^{n-1} + {}_1\mathrm{C}_1 a^{n-2})$$
$$+ ({}_2\mathrm{C}_0 a^{n-1} + {}_2\mathrm{C}_1 a^{n-2} + {}_2\mathrm{C}_2 a^{n-3})$$
$$+ \cdots\cdots$$
$$+ ({}_{n-1}\mathrm{C}_0 a^{n-1} + {}_{n-1}\mathrm{C}_1 a^{n-2} + \cdots\cdots$$
$$\cdots\cdots + {}_{n-1}\mathrm{C}_{n-2} a + {}_{n-1}\mathrm{C}_{n-1})$$
$$= \Big(\sum_{m=0}^{n-1}{}_m\mathrm{C}_0\Big)a^{n-1} + \Big(\sum_{m=1}^{n-1}{}_m\mathrm{C}_1\Big)a^{n-2} + \cdots\cdots$$
$$\cdots\cdots + \Big(\sum_{m=n-2}^{n-1}{}_m\mathrm{C}_{n-2}\Big)a^{n-(n-1)} + {}_{n-1}\mathrm{C}_{n-1}a^{n-n}$$
$$= \sum_{k=1}^{n}\left\{\Big(\sum_{m=k-1}^{n-1}{}_m\mathrm{C}_{k-1}\Big)a^{n-k}\right\}$$

となる．あとは，係数比較すれば良い．

(確認おわり)

少し面倒ですね．次は，場合の数で攻めましょう．

＜場合の数で確認＞

1, 2, 3, $\cdots\cdots$, n の n 人から k 人を選ぶ（${}_n\mathrm{C}_k$）．これを，

以下のように場合分けして考える：

○ 1が入る選び方は $_{n-1}\mathrm{C}_{k-1}$ 通り．

○ $1 \sim l-1$ が入らず，l が入る選び方は $_{n-l}\mathrm{C}_{k-1}$ 通り
 $(2 \leq l \leq n-k+1)$．

1つ目の場合を，2つ目の $l=1$ と考えられるから，

$$1 \leq l \leq n-k+1$$

∴ $k-1 \leq n-l \leq n-1$

であり，すべて加えたら，目標の式になる．

(確認おわり)

もっと目に見える形にしてみましょう．

＜パスカルの三角形で確認＞

計算で見ると，

$$_{m+1}\mathrm{C}_k = {}_m\mathrm{C}_{k-1} + {}_m\mathrm{C}_k$$
$$\iff {}_m\mathrm{C}_{k-1} = {}_{m+1}\mathrm{C}_k - {}_m\mathrm{C}_k \ (m \geq k)$$

∴ $\displaystyle\sum_{m=k-1}^{n-1} {}_m\mathrm{C}_{k-1}$

$= {}_{k-1}\mathrm{C}_{k-1} + \displaystyle\sum_{m=k}^{n-1}({}_{m+1}\mathrm{C}_k - {}_m\mathrm{C}_k)$

$= {}_{k-1}\mathrm{C}_{k-1} + ({}_{k+1}\mathrm{C}_k - {}_k\mathrm{C}_k) + ({}_{k+2}\mathrm{C}_k - {}_{k+1}\mathrm{C}_k)$
$\quad + \cdots\cdots + ({}_{n-1}\mathrm{C}_k - {}_{n-2}\mathrm{C}_k) + ({}_n\mathrm{C}_k - {}_{n-1}\mathrm{C}_k)$

$= {}_n\mathrm{C}_k \ (\because \ {}_{k-1}\mathrm{C}_{k-1} = {}_k\mathrm{C}_k = 1)$

となる．その様子をパスカルの三角形で見よう．

例えば，$n=6$, $k=2$ の場合は，次のようになる：

$$
\begin{aligned}
{}_6C_2 &= {}_5C_1 + {}_5C_2 \\
&= {}_5C_1 + {}_4C_1 + {}_4C_2 \\
&= {}_5C_1 + {}_4C_1 + {}_3C_1 + {}_3C_2 \\
&= {}_5C_1 + {}_4C_1 + {}_3C_1 + {}_2C_1 + {}_2C_2 \\
&= {}_5C_1 + {}_4C_1 + {}_3C_1 + {}_2C_1 + {}_1C_1
\end{aligned}
$$

（確認おわり）

こうやって見ると，当たり前ですね．

144

今節は，組み合わせ的に二項係数の関係式を作っていきました．

　次節では，"母関数"を用いてカタラン数をとらえていきます．また，特殊な漸化式で定義される別の数列も考えていきます．

3.3 母関数で考えるカタラン数

カタラン数の数列 $\{C_n\}_{n \geq 0}$ は，漸化式

$$C_0 = 1,$$
$$C_n = C_0 C_{n-1} + C_1 C_{n-2} + C_2 C_{n-3} + \cdots + C_{n-1} C_0$$
$$= \sum_{i=0}^{n-1} C_i C_{n-1-i} \quad \cdots\cdots\cdots \quad (*)$$

を満たす数列です．また，一般項は

$$C_n = \frac{{}_{2n}\mathrm{C}_n}{n+1} \quad \cdots\cdots\cdots \quad (\$)$$

となる数列でした．

今節では，"母関数"という観点からカタラン数をとらえていきます．簡単に言うと，「数列の値を係数にもつような多項式(関数)を考えて，その関数を調べることで，数列を調べよう」という発想です．

では，早速，定義から．

3．カタラン数について

<u>定義</u>

数列 $\{a_n\}$ に対し，関数

$$f(x) = a_0 + a_1 x + a_2 x^2 + \cdots\cdots$$
$$\quad + a_n x^n + \cdots\cdots$$

を"数列 $\{a_n\}$ の母関数"ということにすると，

$$f^{(n)}(0) = n! a_n \ (n=0,\ 1,\ 2,\ \cdots\cdots)$$

となる ($x=0$ で何回でも微分可能な場合).

変則的に，

$$f^{(n)}(0) = a_n \ (n=0,\ 1,\ 2,\ \cdots\cdots)$$

となるようにした

$$f(x) = a_0 + \frac{a_1}{1!}x + \frac{a_2}{2!}x^2 + \cdots\cdots$$
$$\quad + \frac{a_n}{n!}x^n + \cdots\cdots$$

を母関数ということもある．

⇨注：形式的冪級数といい，収束については議論しなくても良いものです．母関数という言葉自体，少し広い意味で使うので，広い心で解釈をすることにしましょう．

では，カタラン数の母関数へ！

> $f(x) = \dfrac{1-\sqrt{1-4x}}{2}$ とおくと，0 以上の任意の整数 n に対して
>
> $$C_n = \dfrac{1}{(n+1)!} f^{(n+1)}(0)$$
>
> が成り立つ (ただし，自然数 n に対して $f^{(n)}(x)$ は $f(x)$ の n 階導関数を表わす)．少し変則的だが，$f(x)$ がカタラン数の母関数である．

証明 1

導関数を順に求めると

$$f^{(1)}(x) = (1-4x)^{-\frac{1}{2}},$$
$$f^{(2)}(x) = 2(1-4x)^{-\frac{3}{2}},$$
$$f^{(3)}(x) = 12(1-4x)^{-\frac{5}{2}},$$
$$\cdots\cdots,$$
$$f^{(n+1)}(x) = \left\{\prod_{k=1}^{n} \dfrac{(-4)(-2k+1)}{2}\right\}(1-4x)^{-\frac{2n+1}{2}}$$
$$= 2^n (2n-1)!! (1-4x)^{-\frac{2n+1}{2}}$$

となる．

$n=0$ では明らかに成り立つ $(C_0 = 1 = f^{(1)}(0))$．

$n \geq 1$ でも

$$\frac{1}{(n+1)!}f^{(n+1)}(0)$$
$$=\frac{2^n(2n-1)!!}{(n+1)!}$$
$$=\frac{1}{n+1}\cdot\frac{(2n)!!(2n-1)!!}{n!n!}$$
$$=\frac{{}_{2n}\mathrm{C}_n}{n+1}$$
$$=C_n$$

が成り立つ．以上で示された．

============ (証明 1 おわり)

何回も微分するのは大変ですね．次は，ちょっと賢くやってみましょう．

証明 2

$$f(x)=\frac{1-\sqrt{1-4x}}{2}$$
$$\iff 2f(x)-1=-\sqrt{1-4x}$$
$$\implies 4\{f(x)\}^2-4f(x)+1=1-4x$$
$$\therefore \{f(x)\}^2=f(x)-x$$

が成り立つ．両辺を x で微分して，$x=0$ を代入すると

$$2f^{(1)}(x)f(x)=f^{(1)}(x)-1$$
$$\implies f^{(1)}(0)=1 \quad \therefore \quad C_0=\frac{1}{(0+1)!}f^{(1)}(0)$$

が成り立つことが分かり，$n=0$ では成り立つ．

$n \leqq k-1$ $(k \geqq 1)$ で常に成り立つと仮定すると，両辺を $k+1$ 回微分して，

$$\sum_{i=0}^{k+1} {}_{k+1}\mathrm{C}_i f^{(i)}(x) f^{(k+1-i)}(x) = f^{(k+1)}(x)$$

$\therefore \quad \dfrac{1}{(k+1)!} f^{(k+1)}(0)$

$= \dfrac{1}{(k+1)!} \sum_{i=0}^{k+1} {}_{k+1}\mathrm{C}_i f^{(i)}(0) f^{(k+1-i)}(0)$

$= \dfrac{1}{(k+1)!} \sum_{i=1}^{k} {}_{k+1}\mathrm{C}_i \cdot i! C_{i-1} (k+1-i)! C_{k-i}$

$(\because f(0)=0)$

$= \sum_{i=1}^{k} C_{i-1} C_{k-i}$

$= \sum_{j=0}^{k-1} C_j C_{k-1-j}$ ← カタラン数の漸化式 (*)

$= C_k$

となり，$n=k$ でも成り立つ．

数学的帰納法により，示された．

================================(証明2 おわり)

この母関数はどうやって求めたのでしょうか？

結論から逆算すると，

$$f(x) = C_0 x + C_1 x^2 + C_2 x^3 + \cdots\cdots + C_n x^{n+1} + \cdots\cdots$$

で，少し番号がずれた母関数です．

実は，こうしておくと，$\{f(x)\}^2$ を展開したら，漸化式 (*) から，

$$\begin{aligned}
\{f(x)\}^2 &= C_0^{\,2}x^2 + (C_0C_1 + C_1C_0)x^3 \\
&\quad + (C_0C_2 + C_1C_1 + C_2C_0)x^4 \\
&\quad + (C_0C_3 + C_1C_2 + C_2C_1 + C_3C_0)x^5 \\
&\quad + \cdots\cdots\cdots \\
&\quad + (C_0C_n + C_1C_{n-1} + C_2C_{n-2} + \cdots\cdots \\
&\qquad + C_{n-1}C_1 + C_nC_0)x^{n+2} \\
&\quad + \cdots\cdots\cdots \\
&= C_1x^2 + C_2x^3 + \cdots\cdots\cdots \\
&\quad + C_nx^{n+1} + \cdots\cdots\cdots \\
&= f(x) - x
\end{aligned}$$

となることが分かります（証明2で登場した関係式！）．

これを満たす関数は，解の公式から

$$\{f(x)\}^2 - f(x) + x = 0$$
$$\iff f(x) = \frac{1 \pm \sqrt{1-4x}}{2}$$

となりますが，$f(0) = 0$ より，

$$f(x) = \frac{1 - \sqrt{1-4x}}{2}$$

です．

そして，無限級数表示

$$f(x) = C_0 x + C_1 x^2 + C_2 x^3 + \cdots\cdots + C_n x^{n+1} + \cdots\cdots$$

は"テイラー展開"であり，$|4x| < 1$ で収束します．以下で確認しましょう：

初項と漸化式から，

$$C_0 = 1,$$
$$C_{n+1} = \frac{4n+2}{n+2} C_n \quad (< 4C_n)$$

∴ $\quad 0 < C_n \leq 4^n$

が成り立つので，$|4x| < 1$ のとき，

$$\left|\sum_{n=0}^{N} C_n x^{n+1}\right| \leq \sum_{n=0}^{N} C_n |x^{n+1}|$$
$$\leq |x| \sum_{n=0}^{N} |4x|^n$$
$$= \frac{|x|}{1-|4x|}\left(1 - |4x|^{N+1}\right)$$
$$\to \frac{|x|}{1-|4x|} \quad (N \to \infty)$$

となる．"絶対収束"するので，無限級数

$$C_0 x + C_1 x^2 + C_2 x^3 + \cdots\cdots$$
$$+ C_n x^{n+1} + \cdots\cdots$$

はちゃんと収束する(**定理 1.3** を参照)．

さらに，部分和

$$C_0 x + C_1 x^2 + C_2 x^3 + \cdots\cdots + C_n x^{n+1}$$

が横向き放物線 $y = f(x)$ を近似する (下図参照).

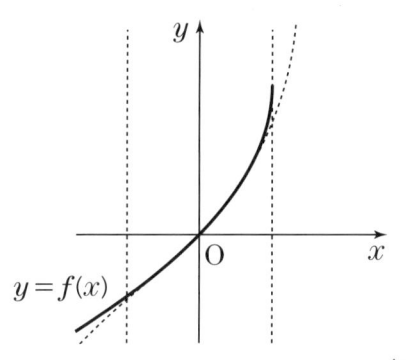

（確認おわり）

カタラン数についてはこれで終了とします．

次に，"ベルヌーイ数" について，漸化式，母関数，応用例について考えます．

<u>定義</u>

ベルヌーイ数 $\{B_n\}_{n \geq 0}$ とは，漸化式

$\sum_{i=0}^{n} {}_{n+1}C_i B_i = n+1 \ (n = 0, 1, 2, \cdots\cdots)$

で定義される数列である (他の定義もあるが，これがオリジナルのようだ).

漸化式に当てはめて最初の数項を求めてみましょう．

$B_0 = 1$

$B_0 + 2B_1 = 2 \quad \therefore \quad B_1 = \dfrac{1}{2}$

$B_0 + 3B_1 + 3B_2 = 3 \quad \therefore \quad B_2 = \dfrac{1}{6}$

$B_0 + 4B_1 + 6B_2 + 4B_3 = 4 \quad \therefore \quad B_3 = 0$

となり,以下,

$B_4 = -\dfrac{1}{30},\ B_5 = 0,\ B_6 = \dfrac{1}{42},\ B_7 = 0,$

$B_8 = -\dfrac{1}{30},\ B_9 = 0,\ B_{10} = \dfrac{5}{66},\ \cdots\cdots\cdots$

と続きます.簡単に法則が見えてきますね(「奇数番目の項は,以降もずっと0かな?」など).

実は,この数列は,和:

$$S_k(n) = \sum_{i=1}^{n} i^k = 1^k + 2^k + \cdots\cdots\cdots + n^k$$

を計算して得られる n の多項式の係数に現れます.つまり,$S_k(n)$ を計算すると n の $k+1$ 次式になるのですが,その係数はベルヌーイ数を用いて

$$S_k(n) = \dfrac{1}{k+1} \sum_{j=0}^{k} {}_{k+1}\mathrm{C}_j B_j n^{k+1-j} \quad \cdots\cdots\cdots \ (*)$$

と表されることが分かっています.最初のいくつかを確認すると,

$$S_0(n) = n = \frac{1}{1} \cdot {}_1\mathrm{C}_0 B_0 n$$
$$S_1(n) = \frac{n(n+1)}{2} = \frac{1}{2}\left({}_2\mathrm{C}_0 B_0 n^2 + {}_2\mathrm{C}_1 B_1 n\right)$$
$$S_2(n) = \frac{n(n+1)(2n+1)}{6}$$
$$= \frac{1}{3}\left({}_3\mathrm{C}_0 B_0 n^3 + {}_3\mathrm{C}_1 B_1 n^2 + {}_3\mathrm{C}_2 B_2 n\right)$$

となっています．

では，一般的に証明してみましょう．

(∗) の証明

k に関する帰納法で示す．

$k=0$ では成り立つ．

$0 \leqq k \leqq m-1$ $(m \geqq 1)$ で成り立つと仮定し，$k=m$ での成立を示す．

$S_m(n)$ を

$$S_0(n),\ S_1(n),\ \cdots\cdots,\ S_{m-1}(n)$$

を用いて計算する流れで示す．

$$(i+1)^{m+1} - i^{m+1} = \sum_{l=0}^{m} {}_{m+1}\mathrm{C}_l\, i^l$$

において，$1 \leqq i \leqq n$ とした両辺の和は，それぞれ，

$$\sum_{i=1}^{n}\{(i+1)^{m+1}-i^{m+1}\}=(n+1)^{m+1}-1$$
$$=\sum_{j=0}^{m}{}_{m+1}\mathrm{C}_{j}n^{m+1-j},$$
$$\sum_{i=1}^{n}\Bigl(\sum_{l=0}^{m}{}_{m+1}\mathrm{C}_{l}i^{l}\Bigr)=\sum_{l=0}^{m}{}_{m+1}\mathrm{C}_{l}S_{l}(n)$$
$$=(m+1)S_{m}(n)$$
$$+\sum_{l=0}^{m-1}\Bigl(\sum_{j=0}^{l}\frac{{}_{m+1}\mathrm{C}_{l}\cdot {}_{l+1}\mathrm{C}_{j}}{l+1}B_{j}n^{l+1-j}\Bigr)$$

となる.

ここで,右辺のΣ内の係数について,

$$\frac{{}_{m+1}\mathrm{C}_{l}\cdot {}_{l+1}\mathrm{C}_{j}}{l+1}$$
$$=\frac{(m+1)!(l+1)!}{(l+1)\cdot l!(m-l+1)!\,j!(l+1-j)!}$$
$$=\frac{(m+1)!}{(m-l+1)!\,j!(l+1-j)!}\cdot\frac{(m-l+j)!}{(m-l+j)!}$$
$$={}_{m+1}\mathrm{C}_{m-l+j}\cdot\frac{(m-l+j)!}{(m-l+1)!\,j!}$$
$$=\frac{{}_{m+1}\mathrm{C}_{m-l+j}\cdot {}_{m-l+j+1}\mathrm{C}_{j}}{m-l+j+1}$$

である.

これを用いて右辺の和を展開する(各 l について, j が<u>大きい方</u>から並べる)と,

$$(m+1)S_m(n)$$
$$+ \sum_{l=0}^{m-1}\Big(\sum_{j=0}^{l} \frac{{}_{m+1}C_{m-l+j} \cdot {}_{m-l+j+1}C_j}{m-l+j+1} B_j n^{l+1-j}\Big)$$
$$=(m+1)S_m(n)$$
$$+\Big(\frac{{}_{m+1}C_m \cdot {}_{m+1}C_0}{m+1} B_0 n\Big)$$
$$+\Big(\frac{{}_{m+1}C_m \cdot {}_{m+1}C_1}{m+1} B_1 n + \frac{{}_{m+1}C_{m-1} \cdot {}_m C_0}{m} B_0 n^2\Big)$$
$$+\Big(\frac{{}_{m+1}C_m \cdot {}_{m+1}C_2}{m+1} B_2 n + \frac{{}_{m+1}C_{m-1} \cdot {}_m C_1}{m} B_1 n^2$$
$$\qquad\qquad\qquad + \frac{{}_{m+1}C_{m-2} \cdot {}_{m-1}C_0}{m-1} B_0 n^3\Big)$$
$$+\cdots\cdots$$
$$+\Big(\frac{{}_{m+1}C_m \cdot {}_{m+1}C_{m-1}}{m+1} B_{m-1} n$$
$$\qquad + \frac{{}_{m+1}C_{m-1} \cdot {}_m C_{m-2}}{m} B_{m-2} n^2$$
$$\qquad +\cdots\cdots + \frac{{}_{m+1}C_1 \cdot {}_2 C_0}{2} B_0 n^m\Big)$$
$$=(m+1)S_m(n)$$
$$+\sum_{j=1}^{m}\Big\{\sum_{i=0}^{j-1} \frac{{}_{m+1}C_j \cdot {}_{j+1}C_i}{j+1} B_i n^{m+1-j}\Big\}$$

と整理できる．$S_m(n)$ の n^{m+1-j} $(0 \leqq j \leqq m)$ の係数を a_j とおくと，係数比較して，

○ $a_0 = \dfrac{{}_{m+1}C_0}{m+1} = \dfrac{{}_{m+1}C_0}{m+1} B_0$ $(j=0)$

○ ${}_{m+1}C_j = (m+1)a_j + \sum\limits_{i=0}^{j-1} \dfrac{{}_{m+1}C_j \cdot {}_{j+1}C_i}{j+1} B_i$ $(j>0)$

となる．さらに計算すると，$j>0$ のときは，

$$\begin{aligned}a_j &= \frac{{}_{m+1}\mathrm{C}_j}{m+1}\Bigl(1-\frac{1}{j+1}\sum_{i=0}^{j-1}{}_{j+1}\mathrm{C}_i B_i\Bigr)\\&= \frac{{}_{m+1}\mathrm{C}_j}{m+1}\cdot\frac{{}_{j+1}\mathrm{C}_j B_j}{j+1}\quad\Bigl(\because \sum_{i=0}^{j}{}_{j+1}\mathrm{C}_i B_i = j+1\Bigr)\\&= \frac{{}_{m+1}\mathrm{C}_j}{m+1}B_j\end{aligned}$$

となる．つまり，$k=m$ でも (∗) は成り立つ．

数学的帰納法により，(∗) は示された．

================== (証明おわり)

なかなか大変でしたが，何とか示せました．

和の公式の係数として登場するのがベルヌーイ数なのですが，本章の最後に，ベルヌーイ数の母関数を考えます．

$$\frac{xe^x}{e^x-1} = \sum_{n=0}^{\infty} B_n \frac{x^n}{n!}$$

これが成り立つことは，テイラー展開

$$e^x = \sum_{n=0}^{\infty} \frac{x^n}{n!}$$

を用いて確認できます：

$$\left(\sum_{n=0}^{\infty} B_n \frac{x^n}{n!}\right)(e^x - 1)$$
$$= \left(\frac{B_0}{0!} + \frac{B_1 x}{1!} + \frac{B_2 x^2}{2!} + \frac{B_3 x^3}{3!} + \cdots\cdots\right)$$
$$\quad \times \left(\frac{x}{1!} + \frac{x^2}{2!} + \frac{x^3}{3!} + \frac{x^4}{4!} + \cdots\cdots\right)$$
$$= \frac{B_0}{0!1!}x + \left(\frac{B_0}{0!2!} + \frac{B_1}{1!1!}\right)x^2$$
$$\quad + \left(\frac{B_0}{0!3!} + \frac{B_1}{1!2!} + \frac{B_2}{2!1!}\right)x^3 + \cdots\cdots$$
$$= \frac{1}{1!} {}_1C_0 B_0 x + \frac{1}{2!}\left({}_2C_0 B_0 + {}_2C_1 B_1\right)x^2$$
$$\quad + \frac{1}{3!}\left({}_3C_0 B_0 + {}_3C_1 B_1 + {}_3C_2 B_2\right)x^3 + \cdots\cdots$$
$$= \frac{1}{1!}\cdot 1\cdot x + \frac{1}{2!}\cdot 2\cdot x^2 + \frac{1}{3!}\cdot 3\cdot x^3 + \cdots\cdots$$
$$\quad \left(\because \sum_{i=0}^{n} {}_{n+1}C_i B_i = n+1\right)$$
$$= x\left(1 + \frac{x}{1!} + \frac{x^2}{2!} + \cdots\cdots\right)$$
$$= xe^x$$

(確認おわり)

これは，テイラー展開を用いずに確認することもできます．つまり，左辺を $f(x)$ とおいて，
$$f^{(n)}(0) = B_n \ (n = 0, \ 1, \ 2, \ \cdots\cdots)$$
を確認します．

159

⇨注：$f(x)$ の定義域は $x \neq 0$ なので，正確には，

$$\lim_{x \to 0} f^{(n)}(x) = B_n \quad (n = 0, 1, 2, \cdots\cdots)$$

です．$f(x)$ は $x \neq 0$ において何回でも微分可能です．

また，$\lim_{x \to 0} f^{(n)}(x)$ の収束は認めることとします．

証明

まず，$k = 0$ のとき，

$$\lim_{x \to 0} f(x) = \lim_{x \to 0} \frac{xe^x}{e^x - 1} = 1 = B_0$$

である．

$k \geq 1$ に対し，$0 \leq n \leq k-1$ で

$$\lim_{x \to 0} f^{(n)}(x) = B_n$$

が成り立つと仮定し，$n = k$ でも成り立つことを示す．

$$xe^x = f(x)(e^x - 1)$$

の両辺を $k+1$ 回微分すると，

$$\sum_{i=0}^{k+1} {}_{k+1}\mathrm{C}_i \frac{d^i}{dx^i}(x) \frac{d^{k+1-i}}{dx^{k+1-i}}(e^x)$$
$$= \sum_{i=0}^{k+1} {}_{k+1}\mathrm{C}_i \frac{d^i}{dx^i}(f(x)) \frac{d^{k+1-i}}{dx^{k+1-i}}(e^x - 1)$$
$$\iff (x+k+1)e^x = e^x \sum_{i=0}^{k} {}_{k+1}\mathrm{C}_i f^{(i)}(x) + (e^x - 1)f^{(k+1)}(x)$$
$$\therefore \quad f^{(k)}(x) = x + k + 1$$
$$- \sum_{i=0}^{k-1} {}_{k+1}\mathrm{C}_i f^{(i)}(x) - \frac{e^x - 1}{e^x} f^{(k+1)}(x)$$

となる．両辺を $x \to 0$ として，

$$\begin{aligned}\lim_{x \to 0} f^{(k)}(x) &= k+1-\sum_{i=0}^{k-1} {}_{k+1}\mathrm{C}_i f^{(i)}(0) - 0 \\ &= B_k \quad \left(\because \sum_{i=0}^{k} {}_{k+1}\mathrm{C}_i B_i = k+1 \right)\end{aligned}$$

である．つまり，$n=k$ でも成り立つ．

数学的帰納法により，示された．

============ (証明おわり)

ベルヌーイ数は様々な場面で登場します．例えば，リーマンゼータ関数の，正の偶数点での値が

$$\sum_{n=1}^{\infty} \frac{1}{n^k} = -\frac{1}{2} \cdot \frac{B_k}{n!}(2\pi i)^k \quad (k \text{ は正の偶数})$$

となります．具体的には

$$\sum_{n=1}^{\infty} \frac{1}{n^2} = \frac{\pi^2}{6}, \ \sum_{n=1}^{\infty} \frac{1}{n^4} = \frac{\pi^4}{90}, \ \sum_{n=1}^{\infty} \frac{1}{n^6} = \frac{\pi^6}{945}$$

などです．

複雑な漸化式や母関数を扱った第3章はここまでです．

次章は，複素数を用いることで見えてくる実数の性質に関して考えます．

4. 複素数の必要性

4．複素数の必要性

　第4章のテーマは複素数です．

　初めて i に出会ったときの衝撃は大きかったのではないでしょうか．その衝撃に負けないくらい，複素数は重要な概念です．例えば，実数についての性質を調べるとき，複素数を用いることによって鮮やかに浮かび上がることがあります．本章では，そのような内容をいくつか取り上げていきます．

4．1　べき乗を考えるための複素数

　数のベキ乗を考えます．関数 x^r の定義域や微分可能性を調べ，$z=(-1)^r$ のグラフを考えます．

4．2　素数を考えるための複素数

　素数についての「ある性質」が複素数を用いて証明できることを紹介します．

4．3　微分積分計算のための複素数

　三角関数が指数関数で表せることを利用して，複素数関数として微積分できることをみます．

4．1　べき乗を考えるための複素数

実数値関数 $y = x^r$ は，実数 r の値によって，その性質が大きく変化します．次は，$x > 0$ でのグラフです．

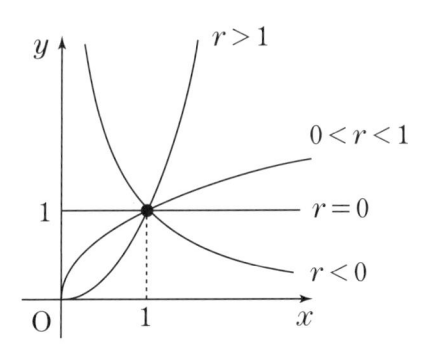

○　$y = x^0$ は $x = 0$ で 0^0 となり，扱いにくいです：

$$\lim_{x \to +0} x^0 = 1, \ \lim_{r \to +0} 0^r = 0$$

ここでは，連続関数にするために，$x = 0$ も含めて

$x^0 = 1 \ (x \in \mathbb{R})$

とします（微分可能でもあります）．

○　$r \neq 0$ の場合を考えます．

$x > 0$ において $y = x^r$ は連続です．また，両辺が正より，対数をとることができて，

$\log y = r \log x$

となります．両辺を x で微分して，

165

$$\frac{y'}{y} = \frac{r}{x} \quad \therefore \quad y' = \frac{ry}{x} = rx^{r-1}$$

となります.

$x=0$ においては,

$y=0$ ($r>0$ のとき)

$\lim_{x \to +0} x^r = +\infty$ ($r<0$ のとき)

です. $r>0$ のとき, $x=0$ において微分可能なのは,

$$\lim_{h \to +0} \frac{h^r - 0}{h} = \begin{cases} 0 & (r>1 \text{ のとき}) \\ 1 & (r=1 \text{ のとき}) \\ +\infty & (0<r<1 \text{ のとき}) \end{cases}$$

より, $r \geqq 1$ のときです.

ここまでが, グラフに描かれた状況です.

次に, $r \neq 0$, $x<0$ について考えましょう.

$x = -t$ $(t>0)$ とおくと, x^r が実数値として定義できるとき,

$$x^r = (-t)^r = (-1)^r t^r$$

となるので, $(-1)^r$ が実数値として定義できるかどうかを問題にすれば良いのです (そのとき, 連続性, 微分可能性については上記と同じ結論となります).

r が有理数の場合と無理数の場合に分けて考えます.

4. 複素数の必要性

〜 r が有理数の場合〜

$r = \dfrac{q}{p}$ (p, q は互いに素な整数で, $p > 0$) のとき, "$(-1)^{\frac{q}{p}}$ が実数値として定義できる" とは,

$$x = (-1)^{\frac{q}{p}} \iff x^p = (-1)^q$$

が実数解 x をもつことです.

絶対値から, $x = 1$ または $x = -1$ です (2つ求まるときは 1 とします).

➡ 注：既約分数以外はどうするのでしょうか？

そのまま考えると,

$$(-1)^{\frac{1}{2}} = x \iff x^2 = -1$$

∴ $x = i, -i$

より, $(-1)^{\frac{1}{2}}$ は存在しないのですが,

$$(-1)^{\frac{2}{4}} = x \iff x^4 = 1$$

∴ $x = 1, -1, i, -i$

より, $(-1)^{\frac{2}{4}} = 1$ となります.

これは, 2つの関数

$$f(x) = x^{\frac{1}{4}}, \ g(x) = x^2$$

の合成順によって,

$$f \circ g(x) = \left(x^2\right)^{\frac{1}{4}} \ (x \in \mathbb{R})$$

$$g \circ f(x) = \left(x^{\frac{1}{4}}\right)^2 \ (x \geqq 0)$$

となり，異なる関数になってしまうためです．

これを回避するため，"既約分数乗"のみを考えることにします (それ以外は，合成順が分かれば考えられますが，ここでは扱わないことにします)．

では，$(-1)^{\frac{q}{p}}$ の存在条件を調べるため，方程式

$\quad x^p = (-1)^q$ ……… (∗)

について，p, q の偶奇で場合分けして実数解を求めます．

1) p が偶数のとき，q は奇数です．

$\quad x^p = -1$ ……… (∗)

において，x が実数であれば，左辺が 0 以上なので，実数解 x は存在せず，$(-1)^{\frac{q}{p}}$ は存在しません．

2) p が奇数のときを考えます．

2-1) q が奇数のとき，(∗) はただ 1 つの実数解 $x = -1$ をもち，

$$(-1)^{\frac{q}{p}} = -1$$

です.

2-2) q が偶数のとき, $(*)$ はただ1つの実数解 $x=1$ をもち,

$$(-1)^{\frac{q}{p}} = 1$$

です.

> **結論**
>
> p, q は互いに素な整数で $p>0$ のとき,
>
> $(-1)^{\frac{q}{p}}$ が存在 $\iff$ p が奇数

これで, r が有理数の場合は終わりです.

〜 r が無理数の場合〜

まず, 正の数 a の"無理数乗"について確認します.

無理数 r に対し, 有理数列 $\{r_n\}$ で

$$\lim_{n \to \infty} r_n = r$$

となるものが(無数に)存在します. このとき, $\lim_{n \to \infty} a^{r_n}$ が $\{r_n\}$ によらず同じ実数値に収束することを示すことができ, その実数値を用いて,

$$a^r = \lim_{n \to \infty} a^{r_n}$$

と定めるのです.

r に収束する有理数列の例をいくつか挙げます.

まず, 次の $\{a_n\}$, $\{b_n\}$：

$a_n = (r$ の小数第 n 位までの数$)$,

$$b_n = a_n + \frac{1}{10^n}$$

は r に収束します. これらを 10^n で通分したとき, a_n と b_n の分子の偶奇は異なるので, a_n, b_n のうち, 分子が偶数の方を e_n とし, 奇数の方を o_n とします. こうしてできた有理数列 $\{e_n\}$, $\{o_n\}$ も r に収束します. さらに,

$$e_n = \frac{E_n}{10^n},\ o_n = \frac{O_n}{10^n}$$

と表すと, E_n は偶数, O_n は奇数です.

$$x_n = \frac{E_n}{10^n + 1},\ y_n = \frac{O_n}{10^n + 1}$$

によって有理数列 $\{x_n\}$, $\{y_n\}$ を定めると,

$$e_n - x_n = \frac{E_n}{10^n(10^n + 1)} \to r \cdot 0 = 0$$

$$o_n - y_n = \frac{O_n}{10^n(10^n + 1)} \to r \cdot 0 = 0$$

$$\therefore \lim_{n \to \infty} x_n = \lim_{n \to \infty} y_n = r$$

より, r に収束します. 既約分数で表すと, 常に

"x_n の分母は奇数,分子は偶数"

"y_n の分母は奇数,分子は奇数"

となっています.

具体的に見ると,$r=e=2.7182\cdots\cdots$ のときは,

$a_1=2.7,\ a_2=2.71,\ a_3=2.718,\ a_4=2.7182$

$b_1=2.8,\ b_2=2.72,\ b_3=2.719,\ b_4=2.7183$

$e_1=2.8,\ e_2=2.72,\ e_3=2.718,\ e_4=2.7182$

$o_1=2.7,\ o_2=2.71,\ o_3=2.719,\ o_4=2.7183$

$$x_1=\frac{28}{11},\ x_2=\frac{272}{101},\ x_3=\frac{2718}{1001},\ x_4=\frac{27182}{10001}$$

$$y_1=\frac{27}{11},\ y_2=\frac{271}{101},\ y_3=\frac{2719}{1001},\ y_4=\frac{27183}{10001}$$

です.

では,仮に

無理数 r に対し,r に収束する有理数列 $\{r_n\}$ で

$$(-1)^r = \lim_{n\to\infty}(-1)^{r_n} \quad\cdots\cdots\quad (☆)$$

と定める.先ほどの $\{x_n\}$, $\{y_n\}$ で,$n\to\infty$ のとき,

$(-1)^{x_n} = 1 \to 1$,

$(-1)^{y_n} = -1 \to -1$

であるから,数列によって極限が変わり,$(-1)^r$ は定義されない.

としたら，どうでしょうか？

実は，これには致命的な欠陥があります．

$$a^r = \lim_{n \to \infty} a^{r_n} \quad (a > 0)$$

では，a^{r_n} が常に実数として一意に定義できているから，極限も実数として意味をなします．しかし，$(-1)^{r_n}$ を考えるには，複素数で考えなければならないのです．

複素数の複素数乗

複素数 $a + bi \ (\neq 0)$ は，極形式：

$$a + bi = R(\cos\theta + i\sin\theta)$$

$$\left(R = \sqrt{a^2 + b^2} > 0,\ \cos\theta = \frac{a}{R},\ \sin\theta = \frac{b}{R}\right)$$

にできます．すると，ド・モアブルの定理から

$$(a + bi)^n = R^n(\cos\theta + i\sin\theta)^n$$
$$= R^n\{\cos(n\theta) + i\sin(n\theta)\}$$

となります ($n \in \mathbb{N}$)．これを複素数乗に拡張するために，

$$e^x = \sum_{n=0}^{\infty} \frac{x^n}{n!},$$

$$\sin x = \sum_{k=0}^{\infty} \frac{(-1)^k x^{2k+1}}{(2k+1)!},$$

$$\cos x = \sum_{k=0}^{\infty} \frac{(-1)^k x^{2k}}{(2k)!} \ (x \in \mathbb{R})$$

に，形式的に $z \in \mathbb{C}$ を代入した複素関数を考えます．それ

が複素版の"指数関数,三角関数"です：

$$e^z = \sum_{n=0}^{\infty} \frac{z^n}{n!},$$
$$\sin z = \sum_{k=0}^{\infty} \frac{(-1)^k z^{2k+1}}{(2k+1)!} = \frac{e^{iz} - e^{-iz}}{2i},$$
$$\cos z = \sum_{k=0}^{\infty} \frac{(-1)^k z^{2k}}{(2k)!} = \frac{e^{iz} + e^{-iz}}{2} \ (z \in \mathbb{C})$$

ここから，オイラーの公式：

$$e^{i\theta} = \cos\theta + i\sin\theta$$

が導かれ，"複素数の複素数乗"が定義できます．特に，"複素数の実数乗"は，

$$(a+bi)^r = (Re^{i\theta})^r = R^r e^{ir\theta}$$
$$= R^r \{\cos(r\theta) + i\sin(r\theta)\}$$

と計算しますが，偏角は一意でなく，$\theta + 2m\pi \ (m \in \mathbb{Z})$ という自由度があるため，対数も一意ではありません．

複素数での対数

では，

$$w = \log z \iff e^w = z$$

をどう考えるのでしょうか？

$$w = a+bi,\ z = Re^{i\theta} = R(\cos\theta + i\sin\theta)$$
$$(a,\ b,\ R,\ \theta \in \mathbb{R},\ R > 0,\ 0 \leqq \theta < 2\pi)$$

とおくと，

$$e^w = e^a e^{bi} = e^a(\cos b + i\sin b)$$
$$\therefore \ e^a = R, \ b = \theta + 2m\pi \ (m \in \mathbb{Z})$$
$$\Leftrightarrow w = \log R + (\theta + 2m\pi)i \ (m \in \mathbb{Z})$$

となります.

特に, $m = 0$ の場合を "主値" と呼び,

$$\mathrm{Log}\, z \ (= \log R + \theta i)$$

と表します. そして, 各 m に対する対数のことを "枝" と呼びましょう.

ところで, 正の実数 a のとき, 複素数の範囲では,

$$a = ae^{i2m\pi} \ (m \in \mathbb{Z}), \ (ae^{i2m\pi})^r = a^r e^{i2mr\pi}$$

ですが, 主値 ($m = 0$) の場合, 常に $(ae^{i0})^r \in \mathbb{R}$ となります (これが, 『$\lim_{n \to \infty} a^{r_n}$ が $\{r_n\}$ によらず同じ実数値に収束する』ということです).

しかし, -1 の場合,

$$-1 = e^{i(2m-1)\pi} \ (m \in \mathbb{Z})$$

ですから, $(-1)^r \in \mathbb{R}$ となる "枝" は n によって変化します.

よって,

$$\lim_{n \to \infty}(-1)^{r_n}$$

が定まらず, (☆) では $(-1)^r$ を定義できていないのです.

4. 複素数の必要性

> **$(-1)^r$ の存在条件**
>
> $$(-1)^r = e^{ir(2m-1)\pi} \ (m \in \mathbb{Z})$$
> $$= \cos r(2m-1)\pi + i\sin r(2m-1)\pi$$
>
> より，$(-1)^r \in \mathbb{R}$ となる m が存在する条件は，
>
> $\sin r(2m-1)\pi = 0$
>
> $\Longleftrightarrow \ r(2m-1)\pi = n\pi \ (\exists m, \ n \in \mathbb{Z})$
>
> $\therefore \ r = \dfrac{n}{2m-1}$
>
> と表せることである．

特に，r が無理数なら，$(-1)^r$ が実数にはなりません．

これで，$y = x^r$ の定義域問題はすべて解決しました (ただし，有理数は，0 以外の既約分数のみ考えます)：

> ○ r が正の有理数で，分母が奇数なら，実数全体
>
> ○ r が正の有理数で，分母が偶数なら，$x \geqq 0$
>
> ○ r が正の無理数なら，$x \geqq 0$
>
> ○ r が負の有理数で，分母が奇数なら，$x \neq 0$
>
> ○ r が負の有理数で，分母が偶数なら，$x > 0$
>
> ○ r が負の無理数なら，$x > 0$

最後に，$\mathbb{R} \times \mathbb{C}$ の空間で $z = (-1)^r$ を描いてみよう．

まず，r を固定して考えると，z は複素数平面の単位円上にあり，下のようになります：

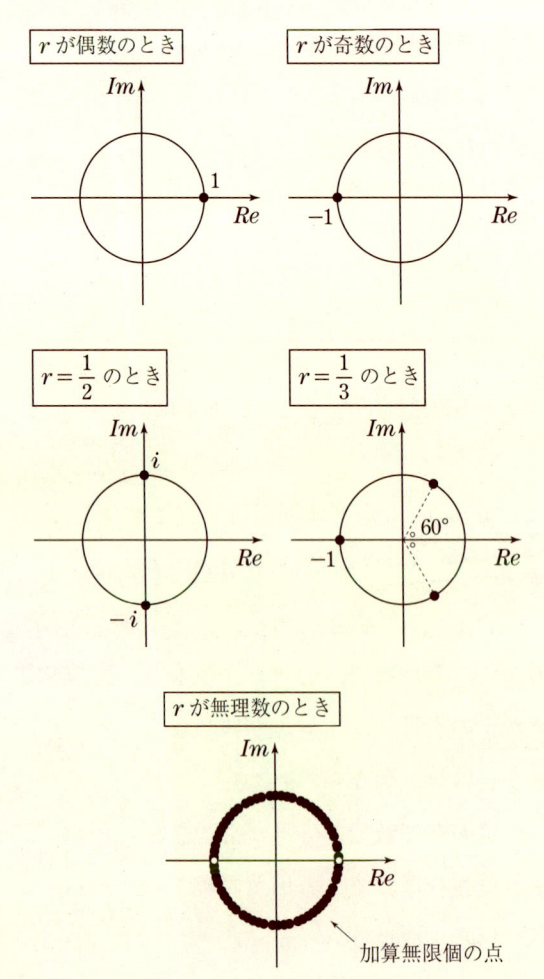

r が偶数のとき	r が奇数のとき

$r = \frac{1}{2}$ のとき	$r = \frac{1}{3}$ のとき

r が無理数のとき

← 加算無限個の点

4. 複素数の必要性

また，"主値"だけのグラフを描くと

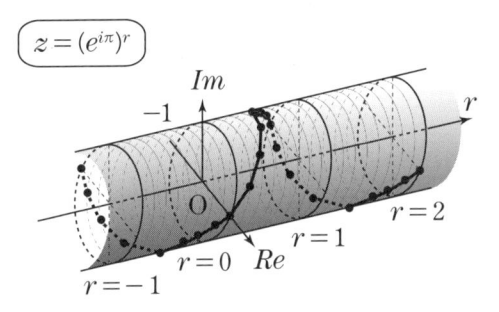

$$z = (e^{i\pi})^r$$

となります．これでは図示しにくいので，展開図を描きましょう．z の偏角を θ として，

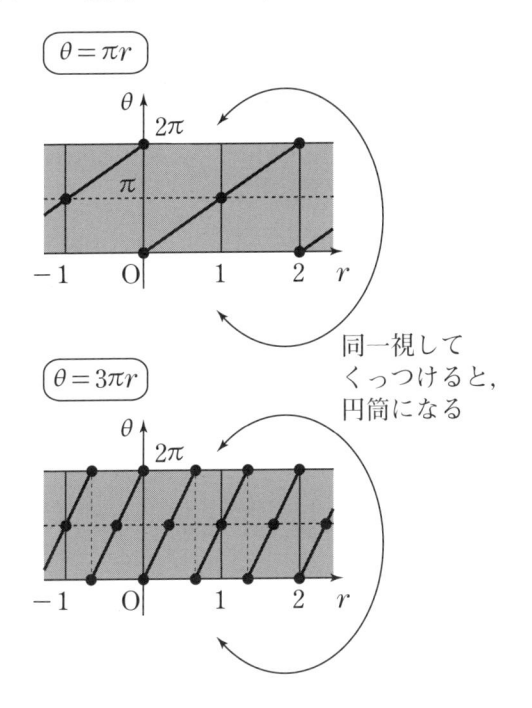

$$\theta = \pi r$$

$$\theta = 3\pi r$$

同一視して
くっつけると，
円筒になる

177

などとなります．これにより，主値以外の枝は，間隔の狭い螺旋で円筒に巻き付いていることが分かります．

また，円筒上で，$z=-1$ と枝の交わりを見ると，

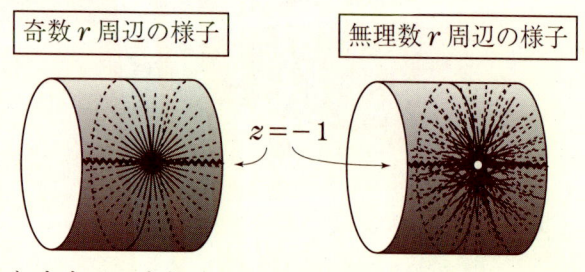

| 奇数 r 周辺の様子 | 無理数 r 周辺の様子 |

$z=-1$

となります．つまり，

○ (奇数, -1) $\in \mathbb{R} \times \mathbb{C}$ を通る枝は無数にある

○ (無理数, -1) $\in \mathbb{R} \times \mathbb{C}$ のどれだけ近くにも枝があるが，そこを通る枝は無い

ということです．

べき乗を考えるのも，なかなか大変です．負の数も考えるとなると，必然的に複素数が必要になってきます．本節はこれくらいにしておきましょう．

次節では，素数を考えるために複素数を用います．

4．2 素数を考えるための複素数

複素数を用いて見えてくる素数の性質を探っていきます．その中で，以下の2つは証明せずに使います：

1. フェルマーの小定理（４０ページでも登場！）
   素数 p と互いに素な自然数 n について，n^{p-1} を p で割った余りは1である．

2. p を法としての原始根の存在
   奇素数 p に対し，$\mathrm{mod}\, p$ で
   $$n^{p-1} \equiv 0,\ n^N \not\equiv 1\ (1 \leqq N \leqq p-2)$$
   となるような整数 $n\ (2 \leqq n \leqq p-1)$ が存在する．

例えば，$\mathrm{mod}\, 7$ で $n^N\ (1 \leqq n \leqq 6,\ 1 \leqq N \leqq 6)$ は，

1, 1, 1, 1, 1, 1　　2, 4, 1, 2, 4, 1

3, 2, 6, 4, 5, 1　　4, 2, 1, 4, 2, 1

5, 4, 6, 2, 3, 1　　6, 1, 6, 1, 6, 1

となります．フェルマーの小定理を実感してもらえるでしょうか．この中で，3, 5 は原始根になっていることも分かります．実際，$\mathrm{mod}\, 7$ で

$$\{3^N\} = \{5^N\} = \{1, 2, 3, 4, 5, 6\},$$
$$3^3 \equiv 5^3 \equiv -1 \pmod{7}$$

となっています.

また, $p=5$ のとき, mod 5 で n^N ($1 \leq n \leq 4$, $1 \leq N \leq 4$) は,

1, 1, 1, 1　　2, 4, 3, 1

3, 4, 2, 1　　4, 1, 4, 1

となります. 2, 3 は原始根で, しかも,

$$2^2 \equiv 3^2 \equiv -1 \pmod{5}$$

です (虚数ではありませんよ!).

一般に, $4m+1$ 型の素数 p ($=4m+1$) を法とする原始根 q に対し,

$$q^n \equiv -1 \pmod{p}$$

となる n ($1 \leq n < p-1$) がただ 1 つ存在するのですが,

$$q^{2n} \equiv 1 \pmod{p}$$

$$\therefore\ 2n = 4m\ (原始根なので)$$

です. ゆえに, $r = q^m$ としたら,

$$r^2 \equiv -1 \pmod{p} \quad \cdots\cdots\cdots \text{(\$)}$$

となっています.

では, 引き続き, 素数の個数について確認しておきましょう.

4．複素数の必要性

> (1) 素数は無数に存在する．
>
> (2) 4で割って3余る素数（$4m-1$型）は無数に存在する．
>
> (3) 4で割って1余る素数（$4m+1$型）は無数に存在する．

証明

(1) 素数が有限個（n個）しか存在しないと仮定して，矛盾を導く．

すべての素数が

$p_1, p_2, p_3, \cdots\cdots, p_n$

であるとすると，

$P = p_1 \cdot p_2 \cdot p_3 \cdots\cdots \cdot p_n + 1$

は，どの素数でも割り切れない自然数である．つまり，新しい素数が作られてしまった．これは，素数がn個であるという仮定に反する．

よって，素数は無数に存在する．

(2) $4m-1$型の素数が有限個（n個）しか存在しないと仮定して矛盾を導く．

$4m-1$型のすべての素数を

181

$$q_1,\ q_2,\ q_3,\ \cdots\cdots,\ q_n$$

とおくと,

$$Q = 4q_1 \cdot q_2 \cdot q_3 \cdot \cdots\cdots \cdot q_n - 1$$

はどの $q_i\,(1 \leqq i \leqq n)$ でも割り切れない, $4m-1$ 型の自然数である（当然, 奇数）. ゆえに, Q の素因数は $4m+1$ 型の素数ばかりである. しかし,

$$(4a+1)(4b+1) = 4(4ab+a+b)+1$$

より, $4m+1$ 型の素数ばかりを掛けて得られる自然数は $4m+1$ 型の自然数である. これは, Q が $4m-1$ 型であるという事実に反する.

よって, 仮定は誤りで, $4m-1$ 型の素数は無数に存在することが示された.

(3) $4m+1$ 型を考えるために, 補題を1つ示しておく.

補題1

$4N^2+1$（N は自然数）と表される数の素因数は, $4m+1$ 型の素数のみである.

補題1の証明

$4N^2+1$ が素数 $p=4m-1$ で割り切れる, つまり,

$$(2N)^2 \equiv -1 \pmod{p}$$

と仮定すると，

$$(2N)^{p-1} = (2N)^{4m-2} = \{(2N)^2\}^{2m-1}$$
$$\equiv (-1)^{2m-1} = -1 \pmod{p}$$

となる．ところが，$2N$ と p は互いに素なので，フェルマーの小定理から，

$$(2N)^{p-1} \equiv 1 \pmod{p}$$

が成り立ち，

$$-1 \equiv 1 \pmod{p} \quad \therefore \quad p = 2$$

となるから，不合理である．これで補題1は示された．

（補題1の証明おわり）

これを踏まえて，(3) を示す．

$4m+1$ 型の素数が n 個しかなく，

$r_1, r_2, r_3, \cdots\cdots, r_n$

がすべてだと仮定する．

$$R = 4(r_1 \cdot r_2 \cdot r_3 \cdot\cdots\cdots\cdot r_n)^2 + 1$$

とおく．補題1より，R の素因数は $4m+1$ 型の素数のみであるが，R はどの $r_i \, (1 \leq i \leq n)$ でも割り切れない．つまり，R は $4m+1$ 型の新しい素数である．これは，$4m+1$ 型の素数が n 個であるという仮定に反する．

よって，$4m+1$ 型の素数は無数に存在する．

（証明おわり）

素数はほぼすべて奇数ですが，4で割った余りが1の素数も，3の素数も，ともに無数に存在するのです．

さらに，「$4m+1$ 型」については，以下のような衝撃的な性質が知られています：

> **性質**
>
> $4m+1$ 型の素数 p は，自然数 x, y を用いて
>
> $p = x^2 + y^2$
>
> とただ1通りに表すことができる．

例えば，

$5 = 1^2 + 2^2$, $13 = 2^2 + 3^2$, $17 = 1^2 + 4^2$

です．もちろん，$x^2 + y^2$ がすべて素数になるわけではありません．

また，$2 = 1^2 + 1^2$ より，2も**性質**を満たしていますが，$4m-1$ 型の素数はこの形では表せません．理由は分かりますか？

なぜなら，$x^2 + y^2$ が奇素数を表すなら，x, y の偶奇は異なり，

$x^2 + y^2 \equiv 1 \pmod{4}$

となるからです．

4. 複素数の必要性

$4m+1$ 型では，例えば，4桁の最小素数 1009 も

$$1009 = 28^2 + 15^2$$

と表せて，確かに**性質**を満たしています．しかし，一般に**性質**を示すのは難しいのです．そこで，"複素整数"の概念を導入しましょう．

複素整数の基本事項

○ 整数 a, b を用いて

$\alpha = a + bi$

と表される複素数を"複素整数"と呼ぶ．複素数平面で格子点を表す複素数である．

○ 複素整数全体の集合は和，差，積に関して閉じているが，商に関しては閉じていない．

○ 1を割り切る複素整数，つまり，$\dfrac{1}{\alpha}$ が複素整数となる複素整数 α を"単数"と呼ぶ．単数は

 1, -1, i, $-i$

である．"絶対値が1"と同義である．

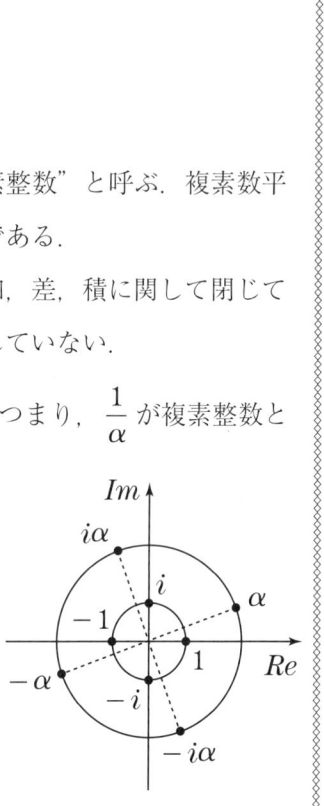

○ 2つの複素整数 α, β

185

について，$\dfrac{\beta}{\alpha}$ が単数になるとき，"α と β は同伴" といい，"$\alpha \simeq \beta$" と表す (一般的な表記ではありません！).

○ 複素整数 α が「単数」と「α の同伴数」以外では割り切れないとき，"複素素数" という．

ここで，**性質**が成り立つことを認めると，『素数 p が複素素数である必要十分条件は，p が $4m-1$ 型』が分かります．順序が逆になりますが，先にこれを証明しましょう．

証明

素数 p が複素素数でなく，複素整数 α, β を用いて

$p = \alpha\beta$　(α, β は単数でない)

と表されるとしたら，両辺の絶対値をみて，

$p^2 = |\alpha|^2 |\beta|^2$

∴　$|\alpha|^2 = |\beta|^2 = p$ ($|\alpha|^2$, $|\beta|^2$：2 以上の整数，p：素数より)

となる．よって，ある自然数 x, y を用いて，

$x^2 + y^2 = p$

と表されるので $p = 2$ または，$4m+1$ 型である．対偶を考えると，$4m-1$ 型素数は，複素素数である．

⇨注：ここまでで，素数 p の約数（複素整数で）は，

単数，それ自身，

大きさ $\sqrt{p}$ の複素素数

　　（$p=2$ または $4m+1$ 型のとき）

であることが分かった (単数倍を除く).

逆に，$p=2$ または $4m+1$ 型であれば，**性質**から，
$$p = x^2 + y^2$$
$$= (x+yi)(x-yi)$$
となる自然数 x, y が存在する．p が単数でないから，$x \pm yi$ も単数ではないし，ゆえに，p と同伴でもない．

よって，$4m-1$ 型でない素数は，複素素数でない．

（証明おわり）

複素整数の基本事項つづき

○　複素整数 α, β に対し，$\dfrac{\alpha}{\gamma}$, $\dfrac{\beta}{\gamma}$ がともに複素整数となるような複素整数 γ を "α, β の公約数" という．公約数の中で絶対値が最大のものを "α, β の最大公約数" と呼ぶ．"同伴" の違いを除き，一意に定まる．

最大公約数の一意性は明らかではありません．"複素整数版の互除法"を紹介し，一意性を確認していきましょう．

> **補題2**
>
> 複素整数 α, β $(0<|\beta|\leq|\alpha|)$ に対し，
> $$\alpha = \beta\xi + \gamma \quad (|\gamma|<|\beta|)$$
> をなる複素整数 γ, ξ が(少なくとも1組)存在する．

証明

下図のように，$\dfrac{\alpha}{\beta}$ を周または内部に含むような"複素整数を頂点にもつ単位正方形"が存在し，頂点のうち少なくとも1つは，$\dfrac{\alpha}{\beta}$ との距離が1未満である．

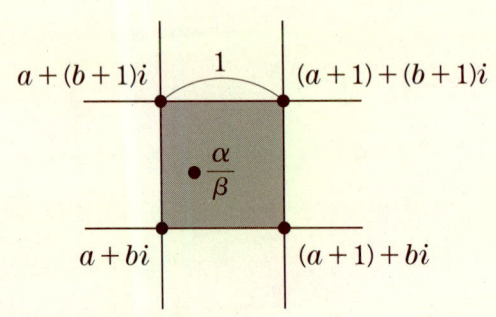

その点を表す複素整数を ξ とおくと，

$$\left|\frac{\alpha}{\beta}-\xi\right|<1 \quad \therefore \quad |\alpha-\beta\xi|<|\beta|$$

が成り立つ．よって，$\gamma=\alpha-\beta\xi$ とおけば良い．

(証明おわり)

では，これを利用して，最大公約数の一意性を示してみましょう．

証明

複素整数 α, β ($|\beta|<|\alpha|$) に対し，

$$\alpha=\beta\xi_1+\gamma_1 \quad (|\gamma_1|<|\beta|) \quad \cdots\cdots \quad ①$$

を満たす複素整数 γ_1, ξ_1 が存在する．

$|\gamma_1|=0$ のときはこれで終了し，$|\gamma_1|>0$ のときは

$$\beta=\gamma_1\xi_2+\gamma_2 \quad (|\gamma_2|<|\gamma_1|) \quad \cdots\cdots \quad ②$$

を満たす複素整数 γ_2, ξ_2 を1組とる．

$|\gamma_2|=0$ のときはこれで終了し，$|\gamma_2|>0$ のときは

$$\gamma_1=\gamma_2\xi_3+\gamma_3 \quad (|\gamma_3|<|\gamma_2|)$$

を満たす複素整数 γ_3, ξ_3 を1組とる．

以下，同様に

γ_4, ξ_4, γ_5, ξ_5, $\cdots\cdots$

をとっていく．減少する0以上の整数列：

$|\beta|, |\gamma_1|, |\gamma_2|, |\gamma_3|, \cdots\cdots$

は有限のうちに 0 になるので，はじめて 0 になる項を $|\gamma_{n+1}|=0$ としたら，$\gamma_{n+1}=0$ であり，

$$\gamma_{n-1} = \gamma_n \xi_{n+1}$$

となる．

 すると，上の構成を逆に見ていくと，γ_n が α, β の公約数であることが分かる．

 また，α, β の公約数は，① より，γ_1 の約数でもある．さらに，② より，γ_2 の約数でもある．これを繰り返すと，γ_n の約数でもある．よって，γ_n は α, β のすべての公約数で割り切れることが分かる．

 すると，α, β の公約数 δ があれば，

$$\gamma_n = \delta \varepsilon$$

となる複素整数 $\varepsilon (\neq 0)$ が存在する．

 大きさを考えて，

$$|\gamma_n| = |\delta||\varepsilon| \geq |\delta| \quad (\because |\varepsilon| \geq 1)$$

が成り立つので，γ_n は最大絶対値の公約数である．

 以上から，"γ_n が α, β の最大公約数"になることが分かった．絶対値が 1 の複素整数が単数のみであるから，一意性（単数倍を除く）も分かる．

(証明おわり)

4．複素数の必要性

上記 (互除法) を具体例で確認しましょう．

➕例 $\alpha = 10 + 7i$, $\beta = 3 + 4i$ とすると，

$$\frac{10+7i}{3+4i} = \frac{58-19i}{25}$$

より，ここから距離 1 未満の複素数 ξ_1 として

$$2,\ 2-i,\ 3-i\ \cdots\cdots\ (*)$$

がとれます．$(*)$ の中から $\xi_1 = 2$ を選んだら，

$$\gamma_1 = 10 + 7i - 2(3+4i) = 4-i,$$

$$\frac{3+4i}{4-i} = \frac{8+19i}{17}$$

です．すると，ξ_2 として $\xi_2 = i$ をとれて，

$$\gamma_2 = 3 + 4i - i(4-i) = 4,$$

$$\frac{4-i}{4} = 1 - \frac{i}{4}$$

です．ξ_3 として $\xi_3 = 1$ をとれて，

$$\gamma_3 = 4 - i - 1\cdot 4 = -i,$$

$$\frac{4}{-i} = 4i$$

です．ξ_4 として $\xi_4 = 4i$ をとれるので，

$$\gamma_4 = 4 - 4i\cdot(-i) = 0$$

となり，最大公約数は $\gamma_3 = -i$ (とその同伴数) です．

　最大公約数の一意性を見るため，$(*)$ で $\xi_1 = 2-i$ とし

191

てみよう．すると，

$$\gamma_1 = 10 + 7i - (2-i)(3+4i) = 2i,$$

$$\frac{3+4i}{2i} = 2 - \frac{3}{2}i$$

です．ξ_2 として $\xi_2 = 2-i$ をとると，

$$\gamma_2 = 3 + 4i - (2-i)(2i) = 1,$$

$$\frac{2-i}{1} = 2-i$$

です．ξ_3 として $\xi_3 = 2-i$ をとれるので，

$$\gamma_3 = 2 - i - 1(2-i) = 0$$

となり，最大公約数は $\gamma_2 = 1$ ($\simeq -1, \pm i$) です．

分かっていたことですが，予定通り，同じになりましたね！

ここまでから，複素整数での"素因数分解の一意性"が導かれました．最後に，**性質**を示しましょう．

> **性質**
>
> $4m+1$ 型の素数 p は，自然数 x, y を用いて
> $$p = x^2 + y^2$$
> とただ1通りに表すことができる．

4．複素数の必要性

性質の証明

180ページでみたように，$4m+1$型の素数pに対し，

$r^2 \equiv -1 \pmod{p}$ ……… (\$)

∴ $(r+i)(r-i) \equiv 0 \pmod{p}$

を満たす自然数rが存在する．複素整数として，pと$r+i$の最大公約数の1つをδとおく．

$\delta = x + yi$としたら，

$p = x^2 + y^2$

となることを示す．

pが素数なので，δが整数ならば，$\delta \simeq 1$またはpである．

$\dfrac{r+i}{p}$が複素整数でないから，$\delta \simeq p$はあり得ない．

$\delta \simeq 1$としたら，$p, r-i$の最大公約数も1であり，pと$(r+i)(r-i) = r^2 + 1$の最大公約数も1となる．複素整数として"互いに素"であれば，整数としても互いに素であるから，これは不合理である．

ゆえに，δは素数pの"整数と同伴でない約数"であるから，大きさが$\sqrt{p}$の複素素数である．

よって，$\delta = x + yi$としたら，

$p = \delta\bar{\delta} = x^2 + y^2$

となる．さらに，δが複素素数であるから，$\bar{\delta}$も複素素数

であり，$p = \delta\bar{\delta}$ は素因数分解である．素因数分解の一意性から，

$p = x^2 + y^2$ となる組は1つだけである．

これで**性質**は示された．

(性質の証明おわり)

証明中の $\delta = x + yi$ で，$p \neq 2$ より，$x \neq y$ です．

これらの結果から，素数 p に対し，xy 平面の円 $x^2 + y^2 = p$ 上にある格子点の個数は，

○ $4m - 1$ 型のとき，0個

○ $p = 2$ のとき，4個

○ $4m + 1$ 型のとき，8個

であることが分かりました．

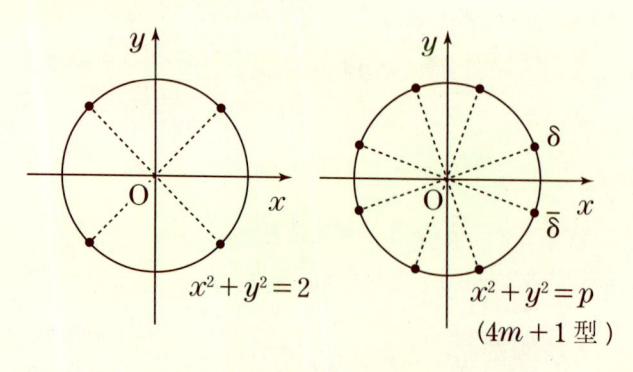

これが，複素数を通じて見えてくる素数の性質です．

4. 複素数の必要性

　次節は，三角関数が指数関数で表せることを利用して，複素数関数として微積分できることをみます．

　そこから見えてくる性質を応用して，3次方程式を解いてみたいと思います．すると，少し変わった関係式を作ることができます．

4.3 微分積分計算のための複素数

いよいよ最終節.

三角関数, 指数関数が微積分において満たす諸性質は, 実は, 複素数を経由すると鮮やかに見えてくるものです. それらを紹介して, "複素解析の存在意義"を感じてもらいます. 数論的要素は少ないですが….

本節では, 問題を解きながら1つの問題に対し, "実数での議論"と"複素数での議論"を対比していきます.

まず, 基本の確認から.

実数上の関数のマクローリン展開

$$e^x = \sum_{n=0}^{\infty} \frac{x^n}{n!},$$
$$\sin x = \sum_{k=0}^{\infty} \frac{(-1)^k x^{2k+1}}{(2k+1)!},$$
$$\cos x = \sum_{k=0}^{\infty} \frac{(-1)^k x^{2k}}{(2k)!} \quad (x \in \mathbb{R})$$

に, 形式的に $z \in \mathbb{C}$ を代入した複素関数を考えます. それが複素版の"指数関数, 三角関数"です:

4．複素数の必要性

$$e^z = \sum_{n=0}^{\infty} \frac{z^n}{n!},$$

$$\sin z = \sum_{k=0}^{\infty} \frac{(-1)^k z^{2k+1}}{(2k+1)!} = \frac{e^{iz} - e^{-iz}}{2i},$$

$$\cos z = \sum_{k=0}^{\infty} \frac{(-1)^k z^{2k}}{(2k)!} = \frac{e^{iz} + e^{-iz}}{2} \ (z \in \mathbb{C})$$

ここから，オイラーの公式：

$$e^{i\theta} = \cos\theta + i\sin\theta$$

が導かれ，特に，$\theta = \pi$ を代入することで，

$$e^{i\pi} = -1$$

という関係式を得るのです．

---

1 ***n* 回微分の問題**

$f(x) = e^x \sin x$ とするとき，

$$f^{(n)}(x) = (\sqrt{2})^n e^x \sin\left(x + \frac{n\pi}{4}\right)$$

であることを示せ．

解答 1

帰納法で示す．

$$\begin{aligned}f^{(1)}(x) &= e^x \sin x + e^x \cos x \\ &= \sqrt{2} e^x \sin\left(x + \frac{\pi}{4}\right)\end{aligned}$$

197

より，$n=1$ のときは成り立つ．

ある $n \in \mathbb{N}$ で

$$f^{(n)}(x)=(\sqrt{2})^n e^x \sin\left(x+\frac{n\pi}{4}\right)$$

が成り立つとする．すると，$f^{(n+1)}(x)$ も

$$\begin{aligned}f^{(n+1)}(x)&=(\sqrt{2})^n\left\{e^x \sin\left(x+\frac{n\pi}{4}\right)\right.\\&\quad\left.+e^x \cos\left(x+\frac{n\pi}{4}\right)\right\}\\&=(\sqrt{2})^n e^x \sqrt{2}\sin\left(x+\frac{n\pi}{4}+\frac{\pi}{4}\right)\\&=(\sqrt{2})^{n+1}e^x \sin\left(x+\frac{(n+1)\pi}{4}\right)\end{aligned}$$

と表すことができる．

これで示された．

=====解答おわり

解答 1 では，証明ができるだけで，なぜ $f^{(n)}(x)$ があんな形になるのかが見えません．そこで，ライプニッツの定理を用いて，直接的に考えましょう．

この定理は，積の微分公式：

$$(f(x)g(x))'=f'(x)g(x)+f(x)g'(x)$$

を一般化した公式で，

$$(f(x)g(x))^{(n)} = {}_n\mathrm{C}_0 f^{(0)}(x)g^{(n)}(x) + {}_n\mathrm{C}_1 f^{(1)}(x)g^{(n-1)}(x)$$
$$+ \cdots\cdots + {}_n\mathrm{C}_k f^{(k)}(x)g^{(n-k)}(x)$$
$$+ \cdots\cdots + {}_n\mathrm{C}_n f^{(n)}(x)g^{(0)}(x)$$

というものです．

解答 2

ライプニッツの定理より，

$$f^{(n)}(x)$$
$$= \sum_{k=0}^{n} {}_n\mathrm{C}_k \frac{d^k}{dx^k}e^x \cdot \frac{d^{n-k}}{dx^{n-k}}\sin x$$
$$= e^x \sin x \left(1 - {}_n\mathrm{C}_2 + {}_n\mathrm{C}_4 - \cdots\cdots\right)$$
$$\quad + e^x \cos x \left({}_n\mathrm{C}_1 - {}_n\mathrm{C}_3 + {}_n\mathrm{C}_5 - \cdots\cdots\right)$$
$$= (\sqrt{2})^n e^x \left(\sin x \cos\frac{n\pi}{4} + \cos x \sin\frac{n\pi}{4}\right)$$
$$\quad\quad\quad\quad\quad\quad\quad\quad\quad\quad\quad \cdots\cdots (*)$$
$$= (\sqrt{2})^n e^x \sin\left(x + \frac{n\pi}{4}\right)$$

である．ここで，$(*)$ は以下のようにして得た．

二項定理から，

$$(1+x)^n = \sum_{k=0}^{n} {}_n\mathrm{C}_k x^k$$

であり，これに $x = i$ を代入すると，各辺は

（左辺）

$= (1+i)^n$

$= \left\{\sqrt{2}\left(\cos\dfrac{\pi}{4} + i\sin\dfrac{\pi}{4}\right)\right\}^n$

$= (\sqrt{2})^n \left(\cos\dfrac{n\pi}{4} + i\sin\dfrac{n\pi}{4}\right)$

（右辺）

$= \left(1 - {}_n\mathrm{C}_2 + {}_n\mathrm{C}_4 - \cdots\cdots\right)$
$\quad + i\left({}_n\mathrm{C}_1 - {}_n\mathrm{C}_3 + {}_n\mathrm{C}_5 - \cdots\cdots\right)$

となる．実部，虚部を比較して，

$$(\sqrt{2})^n \cos\dfrac{n\pi}{4} = 1 - {}_n\mathrm{C}_2 + {}_n\mathrm{C}_4 - \cdots\cdots$$

$$(\sqrt{2})^n \sin\dfrac{n\pi}{4} = {}_n\mathrm{C}_1 - {}_n\mathrm{C}_3 + {}_n\mathrm{C}_5 - \cdots\cdots$$

を得る．

解答おわり

⇨**注**：右辺を計算した和は有限和です．ガウスの記号 [ ] を用いれば末項を表すことはできますが，本質に関わる部分ではないので省略しました．

解答2で，少しはイメージを掴むことができたでしょうか．さらに，複素数値をとる関数を微分して，これを考えてみよう：

$$e^x\cos x + ie^x\sin x = e^{(1+i)x}$$

において，左辺の実部，虚部をそれぞれ微分したら，

$$e^x(\cos x - \sin x) + ie^x(\sin x + \cos x)$$
$$= e^x(1+i)\cos x + e^x(i-1)\sin x$$
$$= (1+i)e^x(\cos x + i\sin x) \ (\because i^2 = -1)$$
$$= (1+i)e^{(1+i)x}$$

となります．これは，右辺を"実数値の場合と同じように微分"したものと同じです．これを

$$\frac{d}{dx}e^{(1+i)x} = (1+i)e^{(1+i)x}$$

と表すことにしましょう．

では，最後の解法へ．

解答 3

$$f(x) = \text{Im}(e^x\cos x + ie^x\sin x) = \text{Im}(e^{(1+i)x})$$

であることに注意すると，

$f^{(n)}(x)$
$= \mathrm{Im}\left(\dfrac{d^n}{dx^n} e^{(1+i)x}\right)$
$= \mathrm{Im}\left((1+i)^n e^{(1+i)x}\right)$
$= \mathrm{Im}\left((\sqrt{2})^n e^{i\frac{n\pi}{4}} e^{(1+i)x}\right) \quad \left(\because \ 1+i = \sqrt{2} e^{i\frac{\pi}{4}}\right)$
$= \mathrm{Im}\left((\sqrt{2})^n e^x e^{i\left(x+\frac{n\pi}{4}\right)}\right)$
$= (\sqrt{2})^n e^x \sin\left(x + \dfrac{n\pi}{4}\right)$

である．これで示された．

　　　　　　　　　　　　　　　　　　　　解答おわり

　解答3でカラクリは，一目瞭然でしょう．さらに，

$$\dfrac{d^n}{dx^n} e^x \cos x = \mathrm{Re}\left(\dfrac{d^n}{dx^n} e^{(1+i)x}\right)$$
$$= (\sqrt{2})^n e^x \cos\left(x + \dfrac{n\pi}{4}\right)$$

を副産物として得ます．

　逆から考えると，これは積分にも応用できます．そんな計算が登場する大学入試問題を見ておきましょう．

4．複素数の必要性

> 2 京都大の問題
>
> 次の極限値を求めよ．
>
> $$\lim_{n \to \infty} \int_0^{n\pi} e^{-x} |\sin nx| dx$$

解答 1

十分大きい n を固定して考える．

$$I_n = \int_0^{n\pi} e^{-x} |\sin nx| dx$$

とおくと，$nx = t$ と置換して

$$\begin{aligned}
I_n &= \int_0^{n^2\pi} e^{-\frac{t}{n}} |\sin t| \frac{dt}{n} \\
&= \frac{1}{n} \sum_{k=1}^{n^2} \int_{(k-1)\pi}^{k\pi} e^{-\frac{t}{n}} |\sin t| dt \\
&= \frac{1}{n} \sum_{k=1}^{n^2} \left| \int_{(k-1)\pi}^{k\pi} e^{-\frac{t}{n}} \sin t \, dt \right|
\end{aligned}$$

となる．

$$J_k = \int_{(k-1)\pi}^{k\pi} e^{-\frac{t}{n}} \sin t \, dt \quad (1 \leq k \leq n^2)$$

とおくと，$s = t - \pi$ と置換して

$$\begin{aligned}
J_k &= \int_{(k-1)\pi}^{k\pi} e^{-\frac{t}{n}} \sin t \, dt \\
&= \int_{(k-2)\pi}^{(k-1)\pi} e^{-\frac{s+\pi}{n}} \sin(s+\pi) ds
\end{aligned}$$

$$= -e^{-\frac{\pi}{n}} \int_{(k-2)\pi}^{(k-1)\pi} e^{-\frac{s}{n}} \sin s \, ds$$

$$= -e^{-\frac{\pi}{n}} J_{k-1} \quad (k = 2, 3, 4, \cdots\cdots)$$

となり，$\{J_k\}$ は等比数列である．また，

$$J_1 = \int_0^\pi e^{-\frac{t}{n}} \sin t \, dt$$

$$= -\left[e^{-\frac{t}{n}} \cos t \right]_0^\pi - \frac{1}{n} \int_0^\pi e^{-\frac{t}{n}} \cos t \, dt$$

$$= e^{-\frac{\pi}{n}} + 1$$

$$\quad - \frac{1}{n} \left\{ \left[e^{-\frac{t}{n}} \sin t \right]_0^\pi + \frac{1}{n} \int_0^\pi e^{-\frac{t}{n}} \sin t \, dt \right\}$$

$$= e^{-\frac{\pi}{n}} + 1 - \frac{1}{n^2} J_1$$

$$\therefore \quad J_1 = \frac{n^2}{n^2 + 1} \left(e^{-\frac{\pi}{n}} + 1 \right)$$

である．ゆえに，

$$J_k = \frac{n^2}{n^2 + 1} \left(e^{-\frac{\pi}{n}} + 1 \right) \left(-e^{-\frac{\pi}{n}} \right)^{k-1}$$

$$\therefore \quad I_n = \frac{1}{n} \sum_{k=1}^{n^2} |J_k|$$

$$= \frac{n}{n^2 + 1} \left(e^{-\frac{\pi}{n}} + 1 \right) \sum_{k=1}^{n^2} \left(e^{-\frac{\pi}{n}} \right)^{k-1}$$

$$= \frac{n}{n^2 + 1} \left(e^{-\frac{\pi}{n}} + 1 \right) \frac{e^{-n\pi} - 1}{e^{-\frac{\pi}{n}} - 1}$$

$$= \frac{n}{n^2 + 1} \left(e^{-\frac{\pi}{n}} + 1 \right) (e^{-n\pi} - 1) \left(-\frac{n}{\pi} \right) \frac{-\frac{\pi}{n}}{e^{-\frac{\pi}{n}} - 1}$$

4．複素数の必要性

$$= \frac{n^2}{n^2+1} \cdot \frac{\left(e^{-\frac{\pi}{n}}+1\right)(e^{-n\pi}-1)}{-\pi} \cdot \frac{-\dfrac{n}{\pi}}{e^{-\frac{\pi}{n}}-1}$$

$\therefore \quad \displaystyle\lim_{n\to\infty}\int_0^{n\pi} e^{-x}|\sin nx|\,dx = \lim_{n\to\infty} I_n$
$= 1 \cdot \dfrac{2(-1)}{-\pi} \cdot 1 = \dfrac{2}{\pi}$

である．

解答おわり

次は，部分積分でなく，複素数を用いて計算してみよう．

解答 2

十分大きい n を固定して考える．

$$J_k = \int_{\frac{(k-1)\pi}{n}}^{\frac{k\pi}{n}} e^{-x} \sin nx\, dx \quad (1 \leqq k \leqq n^2)$$

$$I_n = \int_0^{n\pi} e^{-x}|\sin nx|\,dx = \sum_{k=1}^{n^2} |J_k|$$

とおく．$t = x - \dfrac{k-1}{n}\pi$ と置換して，

$$J_k = \int_0^{\frac{\pi}{n}} e^{-\left(t+\frac{k-1}{n}\pi\right)} \sin n\left(t+\frac{k-1}{n}\pi\right) dx$$

$$= e^{-\frac{k-1}{n}\pi}(-1)^{k-1} \int_0^{\frac{\pi}{n}} e^{-t} \sin nt\, dt$$

$$= e^{-\frac{k-1}{n}\pi}(-1)^{k-1} J_1$$

となる．ここで，

$$J_1 = \int_0^{\frac{\pi}{n}} e^{-x} \sin nx \, dx = \mathrm{Im}\Big(\int_0^{\frac{\pi}{n}} e^{(-1+ni)x} \, dx\Big)$$

$$= \mathrm{Im}\Big(\Big[\frac{e^{(-1+ni)x}}{-1+ni}\Big]_0^{\frac{\pi}{n}}\Big) = \mathrm{Im}\Big(\frac{e^{-\frac{\pi}{n}+i\pi}-1}{-1+ni}\Big)$$

$$= \mathrm{Im}\Big(\frac{-e^{-\frac{\pi}{n}}-1}{-1+ni}\Big) \quad (\because\ e^{i\pi} = -1)$$

より，

$$I_n = \sum_{k=1}^{n^2} |J_k| = \sum_{k=1}^{n^2} e^{-\frac{k-1}{n}\pi} J_1$$

$$= \mathrm{Im}\Big(\frac{-e^{-\frac{\pi}{n}}-1}{-1+ni}\Big) \cdot \frac{e^{-n\pi}-1}{e^{-\frac{\pi}{n}}-1}$$

$$= \mathrm{Im}\Big(\frac{n(e^{-\frac{\pi}{n}}+1) \cdot (e^{-n\pi}-1)}{\pi(-1+ni)} \cdot \frac{-\frac{\pi}{n}}{e^{-\frac{\pi}{n}}-1}\Big)$$

となる．極限をとると，

$$\lim_{n \to \infty} \int_0^{n\pi} e^{-x} |\sin nx| \, dx = \lim_{n \to \infty} I_n$$

$$= \lim_{n \to \infty} \mathrm{Im}\Big(\frac{n(e^{-\frac{\pi}{n}}+1) \cdot (e^{-n\pi}-1)}{\pi(-1+ni)} \cdot \frac{-\frac{\pi}{n}}{e^{-\frac{\pi}{n}}-1}\Big)$$

$$= \mathrm{Im}\Big(\frac{2 \cdot (-1)}{\pi i} \cdot 1\Big) = \mathrm{Im}\Big(\frac{2i}{\pi} \cdot 1\Big)$$

$$= \frac{2}{\pi}$$

である．

解答おわり

4．複素数の必要性

　部分積分よりは，いくぶん計算が楽になりました．ここで，重要なことは，「三角関数を指数関数と思って微積分できる」とういことです．

　では最後に，三角関数と指数関数(双曲線関数)を統一的に扱う方法を見ておきましょう．

$$\cos x = \frac{e^{ix}+e^{ix}}{2}, \ \sin x = \frac{e^{ix}-e^{ix}}{2i},$$
$$\cosh x = \frac{e^{x}+e^{x}}{2}, \ \sinh x = \frac{e^{x}-e^{x}}{2} \ (x \in \mathbb{R})$$

には，それぞれ，相互関係：

$(\cos x)' = -\sin x, \ \cos^2 x + \sin^2 x = 1,$

$(\cosh x)' = \sinh x, \ \cosh^2 x - \sinh^2 x = 1$

があり，とてもよく似ています．これらは，ちょっと計算したら，すぐに分かります．

　さらに，よく似た3倍角の公式：

$\cos 3x = 4\cos^3 x - 3\cos x,$

$\sin 3x = -4\sin^3 x + 3\sin x,$

$\cosh 3x = 4\cosh^3 x - 3\cosh x,$

$\sinh 3x = 4\sinh^3 x + 3\sinh x$

も成り立ちます．

　3倍角の公式をまとめて証明してみましょう．

そのために，複素関数 $f: \mathbb{C} \to \mathbb{C}$ を

$$f(z) = \frac{e^z + e^{-z}}{2}$$

で定めます．すると，$x \in \mathbb{R}$ に対し，

$$f(ix) = \cos x, \ f'(ix) = i\sin x,$$
$$f(x) = \cosh x, \ f'(x) = \sinh x$$

となっています．

そこで，$f(z)$ の3倍角の公式を作ると，

$$4\{f(z)\}^3 = \frac{e^{3z} + 3e^z + 3e^{-z} + e^{-3z}}{2}$$
$$= f(3z) + 3f(z)$$

∴ $f(3z) = 4\{f(z)\}^3 - 3f(z)$ ……… ①

となり，微分して相互関係を作ると，

$$f'(z) = \frac{e^z - e^{-z}}{2} \ \cdots\cdots\cdots \ ②$$

∴ $\{f(z)\}^2 - \{f'(z)\}^2 = 1$ ……… ③

となります（複素微分の詳細については，本書では踏み込まないことにします）．

よって，①の両辺を z で微分して $f'(z)$ の3倍角の公式を作ると，

$$3f'(3z) = 12\{f(z)\}^2 f'(z) - 3f'(z)$$

∴ $f'(3z) = 4(1 + \{f'(z)\}^2)f'(z) - f'(z)$
$= 4\{f'(z)\}^3 + 3f'(z)$ ……… ④

となります．

①, ②, ③, ④ に $z=ix$, x ($x \in \mathbb{R}$) を代入して, 相互関係と 3 倍角の公式を得ます (計算省略).

⇨ 注 : $\sin$ の関係式は, i を消去するので, 係数が変化しています.

本書の最後に, 上記を応用して, 3 次方程式を解く "カルダノの公式" の特殊版を導いてみましょう.

例 3 次方程式
$$4x^3 - 3x = k \ (k \in \mathbb{R})$$
の解を求めます. そのために,
$$x = f(z) = \frac{e^z + e^{-z}}{2} \ (z, \ f(z) \in \mathbb{C})$$
とおきます. すると,
$$\frac{e^{3z} + e^{-3z}}{2} = k \iff e^{6z} - 2ke^{3z} + 1 = 0$$
$$\therefore \quad e^{3z} = k \pm \sqrt{k^2 - 1},$$
$$e^{-3z} = \frac{1}{k \pm \sqrt{k^2 - 1}} = k \mp \sqrt{k^2 - 1}$$
となります (複号同順). 対称性から, "+" の方のみ考えれば十分です.

このとき, 1 の 3 乗根

$$\omega = \frac{-1+\sqrt{3}i}{2}, \quad \omega^2 = \frac{-1-\sqrt{3}i}{2} \quad \left(=\frac{1}{\omega}=\overline{\omega}\right)$$

を用いて,

$$(e^z,\ e^{-z}) = \left(\sqrt[3]{k+\sqrt{k^2-1}},\ \sqrt[3]{k-\sqrt{k^2-1}}\right),$$
$$\left(\sqrt[3]{k+\sqrt{k^2-1}}\,\omega,\ \sqrt[3]{k-\sqrt{k^2-1}}\,\omega^2\right),$$
$$\left(\sqrt[3]{k+\sqrt{k^2-1}}\,\omega^2,\ \sqrt[3]{k-\sqrt{k^2-1}}\,\omega\right)$$

$$\therefore \quad x = \frac{\sqrt[3]{k+\sqrt{k^2-1}} + \sqrt[3]{k-\sqrt{k^2-1}}}{2},$$
$$\frac{\sqrt[3]{k+\sqrt{k^2-1}}\,\omega + \sqrt[3]{k-\sqrt{k^2-1}}\,\omega^2}{2},$$
$$\frac{\sqrt[3]{k+\sqrt{k^2-1}}\,\omega^2 + \sqrt[3]{k-\sqrt{k^2-1}}\,\omega}{2}$$

となります.

k による分類は以下の通りです:

○ $|k|<1$ のとき, e^z, e^{-z} は共役になり, 解は3つとも実数である.

○ $|k|=1$ のとき, ω を用いた2つの $(e^z,\ e^{-z})$ は一致し, 3つとも実数である (単解と重解になる).

○ $|k|>1$ のとき, ω を用いていない e^z は実数であるから, 実数解1つと共役な虚数解になる.

特に，$x=2$ が解になるとき，$k=26$ なので，

$$\frac{\sqrt[3]{26+15\sqrt{3}}+\sqrt[3]{26-15\sqrt{3}}}{2}=2$$

ということになります．左辺を見て2を表しているとは，なかなか思えないですよね．

本節で考えたように，複素数によって三角関数を指数関数で表せることは，非常に有意義なのです．どう考えても複素数は必要ですね！

おわりに

　抽象的な理論はあまり入れず，具体的な事柄について議論してきたつもりですが，それでも複雑な式変形などは避けられませんでした．やはり，自分で手を動かさないと数学の楽しさは分からないものです．手を動かすキッカケとして本書が働いてくれたら，これに勝る幸福はありません．

　抽象理論を具体例に落とし込むことは，数学の本質を理解する上で本質的な部分だと思います．新しい理論を知ったら，それが具体的にどう活かせるのか，しっかり考えてみてください．そして，試行錯誤しながら数学の世界を進んでいってもらいたいと思います．

　みなさんも楽しい例を集めていってください．
　一人でも多くの人が，数学と長くつきあってもらえるように！

研伸館　数学科

吉田　信夫

研伸館（けんしんかん）

　1978年，株式会社アップ (http://www.up-edu.com) の大学受験予備校部門として発足 (兵庫県西宮市).

　2012年現在，西宮校，川西校，三田校，上本町校，住吉校，阪急豊中校，学園前校，高の原校，西大寺校，京都校の10校舎を関西地区に展開．東大・京大・阪大・神戸大などの難関国公立大学や早慶関関同立などの難関私立へ毎年多くの合格者を輩出する現役高校生対象の予備校として，関西地区で圧倒的な支持を得ている．

http://www.kenshinkan.net

著者紹介：

吉田　信夫（よしだ・のぶお）

1977年　広島で生まれる
1999年　大阪大学理学部数学科卒業
2001年　大阪大学大学院理学研究科数学専攻修士課程修了
　　　　2001年より，研伸館にて，主に東大・京大・医学部などを志望する中高生への大学受験数学を指導する．そのかたわら，「大学への数学」，「理系への数学」などでの執筆活動も精力的に行う．
　　　　著書として『大学入試数学での微分方程式練習帳』(現代数学社2010)，『複素解析の神秘性』(現代数学社2011) がある．

具体例で親しむ

高校数学からの極限的数論入門

2012年 7月17日　初版1刷発行

編　集　　株式会社　アップ　研伸館
著　者　　吉田　信夫
検印省略　発行者　　富田　淳
　　　　　発行所　　株式会社　現代数学社
　　　　　〒606-8425　京都市左京区鹿ヶ谷西寺ノ前町1
　　　　　TEL&FAX 075 (751) 0727　振替 01010-8-11144
　　　　　http://www.gensu.co.jp/

Ⓒ up, 2012
Printed in Japan　　印刷・製本　　亜細亜印刷株式会社

ISBN978-4-7687-0406-6　　　　落丁・乱丁はお取替え致します．